U0251579

面向"十二五"高职高专规划教材

AutoCAD项目式教程

主　编　封素敏

副主编　张永昌　燕　苗　范文静　吴瑞鹏

四川大学出版社

·成都·

责任编辑:梁　平
责任校对:张　莹
封面设计:原谋设计工作室
责任印制:王　炜

图书在版编目(CIP)数据

AutoCAD项目式教程 / 封素敏主编. —成都：四川大学出版社，2014.2（2020.8重印）
ISBN 978－7－5614－7536－2

Ⅰ.①A… Ⅱ.①封… Ⅲ.①AutoCAD 软件－教材
Ⅳ.①TP391.72

中国版本图书馆 CIP 数据核字（2014）第 033802 号

书名	**AutoCAD项目式教程**
主　编	封素敏
出　版	四川大学出版社
地　址	成都市一环路南一段24号（610065）
发　行	四川大学出版社
书　号	ISBN 978－7－5614－7536－2
印　刷	郫县犀浦印刷厂
成品尺寸	185 mm×260 mm
印　张	15.25
字　数	368 千字
版　次	2014 年 3 月第 1 版
印　次	2020 年 8 月第 2 次印刷
定　价	45.00 元

◆读者邮购本书,请与本社发行科联系。
电话:(028)85408408/(028)85401670/
(028)85408023　邮政编码:610065
◆本社图书如有印装质量问题,请
寄回出版社调换。
◆网址:http://press.scu.edu.cn

前　　言

　　AutoCAD 是美国 Autodesk 公司推出的集二维绘图、三维设计、渲染、关联数据库管理及互联网通信功能为一体的计算机辅助设计与绘图软件包,广泛应用于航空、航天、冶金、船舶、机械、电子等领域,成为提高设计效率、缩短新产品开发周期的强有力的工具。

　　本教材讲述了 AutoCAD 软件(中文版)的基本使用方法,主要内容有 AutoCAD 的基本操作方法,二维绘图与编辑命令,精确绘图辅助工具,绘图设置,文字、表格、尺寸标注,图块及图块属性,AutoCAD 设计中心,实用查询命令,图形的输出方法,三维绘图与编辑命令等。

　　教材的编写贯穿"任务驱动"的学习思想,以实例引导出相关概念,将知识点的讲解与具体的实例操作过程相结合,从而提高了学生的学习兴趣,使知识点更易于理解和掌握。同时,在教学内容的编排上,循序渐进,举一反三,逐渐深化展开,可读性强。

　　本书计划讲授 72 学时,建议学时分配如下:

学习内容学时分配		
任务单元	内容	学时
任务一	认识 AutoCAD 2008	4
任务二	平面图形的绘制	16
任务三	二维平面图形的编辑功能	16
任务四	图纸设置	6
任务五	块与外部参照	8
任务六	标注图形	6
任务七	打印输出	4
任务八	绘制三维图形	12

　　本书由石家庄工程职业学院封素敏任主编,石家庄工程职业学院张永昌、燕苗,石家庄理工职业学院范文静、吴瑞鹏任副主编。编写分工如下:封素敏负责全书的整体策划和统稿工作,编写任务二、任务三,张永昌编写任务四、任务五,燕苗、范文静、吴瑞鹏负责结合实际编写其余章节。在此,对本书编写工作中付出辛勤劳动的所有人员,致以诚挚的谢意。编写过程中,难免疏漏,恳请广大读者给予批评指正。

编　者

目 录

任务一　认识 AutoCAD 2008

【学习目标】

了解 AutoCAD 2008 基本界面及环境设置，掌握绘制图形的坐标设计理念，学会多角度绘制图形的分析方法。

【基础知识点】

● AutoCAD 2008 新增功能
● AutoCAD 2008 的绘图工作界面
● AutoCAD 2008 文件管理
● 坐标系与坐标输入方法

模块一　认识 AutoCAD 2008

AutoCAD 是由美国 Autodesk 公司于 20 世纪 80 年代初为在电脑上应用 CAD 技术而开发的绘图程序软件包，经过不断地完善，现已经成为国际上广为流行的绘图工具。AutoCAD 的发展过程可分为初级阶段、发展阶段、高级发展阶段、完善阶段和进一步完善阶段五个阶段。

AutoCAD 具有良好的用户界面，通过交互式菜单或命令行方式便可以进行各种操作。它的多文档设计环境，让非计算机专业人员也能很快地学会使用。

一、AutoCAD 2008 功能介绍

AutoCAD 具有广泛的适应性，它可以在各种操作系统支持的微型计算机和工作站上运行，并支持分辨率由 320×200 到 2048×1024 的各种图形显示设备 40 多种，以及数字仪和鼠标器 30 多种、绘图仪和打印机数十种，这就为 AutoCAD 的普及创造了条件。AutoCAD 2008 主要功能如下。

1. 二维绘图与编辑

运用软件可以绘制任意二维和三维图形，并且同传统的手工绘图相比，绘图速度更快、精度更高，已经在航空航天、造船、建筑、机械、电子、化工、美工、轻纺等很多领域得到了广泛应用，并取得了丰硕的成果和巨大的经济效益。

2. 文字说明与尺寸标注

AutoCAD 2008 提供了文字说明和强大的尺寸标注功能，可以对所绘制图形进行必

要的文字说明，对绘制完成的图形进行不同形式的标注，以满足不同行业的制图与读图要求。

3．三维绘图与编辑

AutoCAD 2008 允许用户创建各种形式的基本曲面模型和实体模型，还提供了专门用于三维编辑的功能，可对实体模型的边、面、体进行编辑。

4．图层的利用

合理利用图层，可以事半功倍。一开始画图，就预先设置一些基本层，每层有自己的专门用途。图层有利于电子图的编辑，当编辑某一层时，就可以将遮挡视线的其他层隐去。画图时可以全部用细线绘制，打印出图的时候可以针对图层设置打印线宽、线型比例以提高效率。在编辑复杂图形时，图层更能发挥作用。

5．图形的输入和输出

用户可以将不同格式的图形导入 AutoCAD 或将 AutoCAD 图形以其他格式输出。

二、AutoCAD 2008 的工作界面

AutoCAD 2008 提供了"二维草图与注释"、"三维建模"和"AutoCAD 经典"三种工作空间模式。默认状态下，打开"二维草图与注释"工作空间，其界面主要由菜单栏、工具栏、工具选项板、绘图窗口、文本窗口与命令行、状态栏等元素组成。

1．标题栏

标题栏包括文档标题栏和系统标题栏两种。文档标题栏位于绘图区域的上部，左侧显示该绘图区域所打开的图形文件的名称，右侧为"最小化"、"最大化"、"还原"和"关闭"按钮。

2．菜单栏

AutoCAD 2008 的主要功能都可以使用菜单栏中的命令来完成。

3．工具栏

使用工具栏上的按钮可以方便地启动命令，可以实现 AutoCAD 的大部分操作。用户可以根据需要显示或隐藏一些工具栏图标，其实现方法是在工具栏的空白处，单击鼠标右键，在快捷菜单中选择相应的选项。

4．绘图窗口

AutoCAD 界面中最大的空白区域就是绘图窗口区域，是用户用来绘制和显示图形的地方。

5．命令窗口

命令窗口位于绘图窗口的下方，它是用户与 AutoCAD 进行交互对话的窗口，是灵活绘制图形的核心。AutoCAD 绘制图形可以通过选择菜单命令、点击工具栏命令按钮、在命令行中输入命令三种方式完成，在实际操作中，无论选择何种方式，命令窗口中都会有相应的提示信息。

【说明】有时，在命令窗口中不能一次查看完整的命令历史记录时，就可以使用文本窗口来查看，文本窗口会显示当前工作任务的完整的命令历史记录。启动文本窗口的方法是按 F2 键。

6．状态栏

状态栏在 AutoCAD 界面的最底部，左侧数据显示的是当前十字光标所处的三维坐标值，然后是绘图辅助工具的开关按钮，包括捕捉、栅格、正交、极轴、对象捕捉、对象追踪、DUCS、DYN、线宽和模型。

AutoCAD 2008 的操作界面如图 1-1 所示。

图 1-1　AutoCAD 2008 的操作界面

模块二　AutoCAD 的命令使用

一、AutoCAD 操作的三种方法

AutoCAD 中，大部分操作均可以通过以下三种方式来实现：

方法一：点击工具栏中的命令按钮。

方法二：选择菜单命令。

方法三：在命令行中输入命令。

无论使用哪一种方式，在命令行中都会显示出命令提示信息。

二、对命令行的认识

命令行直接输入的命令必须是英文，并且不分大小写。许多常用命令都有简写形式，例如圆的命令 circle，简写形式为 c。在命令行中输入命令的全名或简写形式后，按回车键 Enter 就可以启动命令。

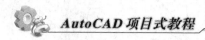

在输入命令后，需要按照系统提示，一步一步选择下一步要进行的操作。

1. 系统默认值

命令行中的 < > 中的值为当前命令属性的默认值，也是当前属性值。

如启动命令，执行结果如下：

命令：startup

输入 startup 的新值 <1>：0

系统的默认值为 1，如果需要修改默认值，直接输入 0，改变当前值；如果不需要修改，可以直接输入回车即可。

2. 命令可选项

命令行中的 ［］ 中的内容为当前命令属性的可选项，以直线命令为例：

命令：line

指定第一点：

指定下一点或 ［放弃 (U)］：

指定下一点或 ［放弃 (U)］：

指定下一点或 ［闭合 (C) /放弃 (U)］：c

在最后一次执行时，输入可选项 C，代表选择了闭合，图形执行闭合操作；如果输入 U，代表选择了放弃选项，会放弃最后输入的点。

3. 命令的结束

有的命令在执行之后，会自动结束。但执行某些命令时，必须执行退出操作，才能返回到无命令状态。例如点击平移按钮后，如果不执行退出操作，用户会一直处于执行平移操作状态。

结束正在执行的命令的方法有三种：

方法一：按 Esc 键。

方法二：点击鼠标右键，在弹出的快捷菜单中选择"取消"或"确定"，有时快捷菜单也会显示"退出"。

方法三：大多数命令可以按 Enter 键结束。

4. 命令的重复

重复执行上一个命令有四种方法：

方法一：在命令行没有输入任何命令的情况下，按回车键 Enter，或按空格键，可以重复执行上一个刚执行的命令。

方法二：在绘图窗口中右键单击鼠标，在弹出的快捷菜单中选择"重复"命令，即可重复执行上一个命令。

方法三：在绘图窗口中右键单击鼠标，在弹出的快捷菜单中选择"最近使用的命令"，此时右侧会显示最近执行的命令，用户可根据自身的需要做出选择。

方法四：在命令行中，通过键盘上的 ↑ 和 ↓ 键，可以向上或向下快速选择执行过的命令。

5. 命令的撤消与重做

命令的撤消就是撤消上一个动作，在 AutoCAD 中有以下几种撤消方法：

方法一：选择编辑菜单下的"放弃"命令。

方法二：使用快捷键 CTRL+Z。

方法三：选择工具栏中的放弃按钮或选择快捷菜单中的"放弃"命令。

方法四：在命令行中输入 UNDO 或 U 命令，UNDO 命令是一次撤消多步操作，U 命令是一次撤消一步操作。

命令的重做就是恢复 UNDO 或 U 放弃的效果，有以下几种重做方法：

方法一：选择编辑菜单下的"重做"命令。

方法二：使用快捷键 CTRL+Y。

方法三：选择工具栏中的重做按钮或选择快捷菜单中的"重做"命令。

方法四：在命令行中输入 MREDO 或 REDO 命令，MREDO 命令是恢复前面几个用 UNDO 或 U 命令放弃的效果，REDO 命令是恢复上一个用 UNDO 或 U 命令放弃的效果。

模块三　AutoCAD 2008 文件管理

本节以 AutoCAD 中文件管理来介绍 AutoCAD 2008 核心内容——命令行的使用。

一、新建文件

1. 创建方法

AutoCAD 文件的创建方法如下：

(1) 工具栏：点击"标准"工具栏中的新建按钮。

(2) 菜单栏：选择"文件"菜单→"新建"命令。

(3) 命令行：在命令行中输入"new"，并按 Enter 键或空格键确定。

2. AutoCAD 的启动方式

AutoCAD 的启动分为两种方式。

方式一：启动 AutoCAD 软件后，默认情况下，会进入如图 1-2 所示对话框。

用户可以从默认的安装路径的 Template 文件中选择系统自带的样板文件创建文件，这些样板文件对基本的页面、标题栏等已经完成设置，直接绘图即可，但是很多样板文件的设置不符合绘图者的需要，因此可以选择无样板打开。

【说明】AutoCAD 中主要的文件类型：

样板文件——文件扩展名为 dwt；

图形文件——文件扩展名为 dwg；

标准文件——文件扩展名为 dws。

为维护图形文件的一致性，可以创建标准文件来定义常用属性，例如将命名对象设置为常用的特性，如图层特性、标注样式、线型和文字样式等，将其保存为一个标准文件。然后将标准文件同一个或多个图形文件关联起来，定期检查该图形，以确保它符合标准。为了增强一致性，用户或用户的 CAD 管理员可以创建、应用和检查图形中的标准。因为标准文件类型可使其他人对图形作出解释变得容易，所以在合作环境下标准文件是特别有用的。

图 1-2　AutoCAD 2008 **默认启动界面**

方式二：采用"创建新图形"对话框创建文件。

AutoCAD 还提供了多种设置文件的创建方法，对话框如图 1-3 所示。

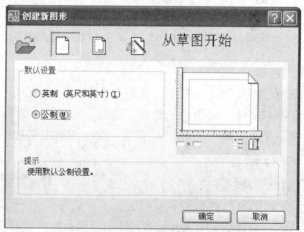

图 1-3　**"创建新图形"对话框**

　　在用户选择显示"启动"对话框的情况下，"new"命令输入后，会打开"创建新图形"对话框，该对话框与"启动"对话框一样，只是此时第一个按钮，也就是"打开图形"命令是不可使用的状态。

　　【说明】创建新图形对话框的调出方法：命令行中输入 startup，然后回车，执行命令，将系统的默认值 0 改为 1，具体结果如下：

命令：startup

输入 startup 的新值<0>：1

3. 从草图开始创建图形

在"启动"对话框中，点击上方的第二个按钮，显示图1-3所示界面，使用默认的"英制"或"公制"设置创建空图形文件。

4. 使用样板创建文件

在"创建新图形"对话框中，点击上方的第三个按钮，显示图1-4所示界面。此方法与方式一直接选择样板的方式操作相同。

图1-4　　"使用样板"对话框

5. 使用向导创建文件

在"创建新图形"对话框中，点击上方的第四个按钮，显示图1-5所示界面。然后使用逐步指南来设置图形。，可以从以下两个向导中进行选择："快速设置"向导和"高级设置"向导。

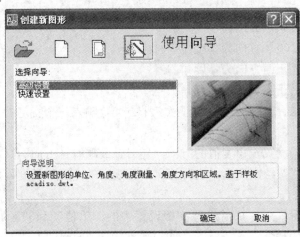

图1-5　　"使用向导"对话框

1）高级设置

选择高级设置后，会弹出"高级设置"的对话框，如图1-6所示。用户可以设置新图形的测量单位、角度、角度测量、角度方向和区域。

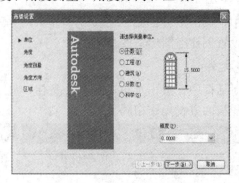

图1-6   "高级设置"对话框

（1）单位。指定单位的格式和精度。

单位格式是用户输入以及程序显示坐标和测量时所采用的格式。"快速设置"向导的"单位"对话框也包括同样的格式。单位精度指定用于显示线性测量值的小数位数和分数大小。

（2）角度。设置用户输入角度以及程序显示角度时所采用的格式。

十进制度数：以十进制来显示小数度数。

度/分/秒：以分和秒来显示不足一度的度数。

百分度：以百分度来显示角度。

弧度：以弧度来显示角度。

勘测：以勘测单位来显示角度。

（3）角度测量。设置输入角的零度角方向。

用户输入角度值时，程序将从本对话框中选择的方向开始逆时针或顺时针测量角度。

东：指定指南针正东方向为零度角。

北：指定指南针正北方向为零度角。

西：指定指南针正西方向为零度角。

南：指定指南针正南方向为零度角。

其他：指定非东、北、西或南的任意一个方向，输入一个特定的指南针角度作为零度角。

（4）角度方向。设置正角度值的方向：逆时针或顺时针方向。

（5）区域。设置按绘制图形的实际比例单位表示的宽度和长度，即指定绘图区域。

2）快速设置

选择快速设置后，用户只需设置高级设置中的"单位"和"区域"两个常用选项即可。

二、文件的保存

在文件编辑完成或中途退出 AutoCAD 软件时，需要将当前编辑的图形保存，保存的方法也有三种：

工具栏：点击"标准"工具栏中的保存按钮 。

菜单栏：选择"文件"菜单→"保存"命令。

命令行：在命令行中输入"Save"，并按回车键 Enter。

如果文件具有保密性，在保存文件的同时还需为保存的文件设置密码。在"图形另存为"的对话框的右上角有一个"工具"按钮，在其下拉菜单中选择"安全选项"（如图 1-7 所示）。

图 1-7　安全选项

在安全选项的对话框中选择"密码"选项卡，如图 1-8 所示，就可以设置打开此图形时的密码或短语了。

图 1-8　安全选项设置

模块四　辅助功能的使用

在 AutoCAD 中除了提供图形的绘制与编辑功能之外，还设计了合理的辅助工具，在默认环境下，辅助工具在操作界面的状态栏上，方便使用者在绘图过重中灵活选择辅助工具。

状态栏中辅助功能的各个按钮的特点是单击凹下，再单击则凸起。凹下为开状态（即该功能为有效状态），凸起为关状态（即该功能为无效状态）。

一、栅格

栅格起坐标纸的作用，当栅格功能启动后，会在绘图区域显示点状的坐标纸，可以提供直观的距离和位置参照。直接单击状态栏上的栅格按钮即可打开或关闭栅格显示。通过右键单击状态工具栏上的栅格按钮，即可打开"草图设置"对话框，改变点的间距。栅格不会出现在打印图形中。在 AutoCAD 中，结合使用"捕捉"和"栅格"功能，可以精确定位点，提高绘图效率。

1. 栅格显示的打开与关闭

在 AutoCAD 中，可以使用以下方法来打开"栅格"显示功能。

状态栏：按下"栅格"按钮。

快捷键：按 F7 键。

命令行：输入 GRID 命令。

2. 栅格的间距设置

1）在"草图设置"对话框中设置

选择"工具"→"草图设置"命令，或者在状态栏上的"栅格"按钮上点击右键，在快捷菜单中选择"设置"，弹出"草图设置"对话框（如图 1-9 所示）。在"捕捉与栅格"选项卡的"栅格 X 轴间距"与"栅格 Y 轴间距"文本框内，分别设置 X 轴和 Y 轴方向的栅格间距。

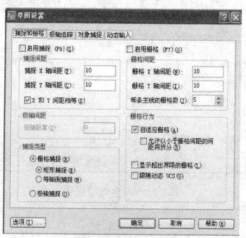

图 1-9 **捕捉和栅格**

2）使用 GRID 命令设置

在命令行输入 GRID，回车。执行 GRID 命令时，其命令行提示如下：

指定栅格间距（X）或［开（ON）/关（OFF）/捕捉（S）/主（M）/自适应

（D）/跟随（F）/纵横向间距（A）] <10.0000>：（输入 A，回车）。

指定水平间距（X）<10.0000>：（输入 10）。

指定垂直间距（Y）<10.0000>：（输入 10）。

默认情况下，需要设置的 X 轴和 Y 轴方向的栅格间距值相等。该间距不能设置太小，否则将导致图形模糊及屏幕重生成太慢，甚至无法显示栅格。

【说明】

（1）在任何时间切换栅格的打开或关闭，可单击状态条中的栅格栏，或单击设置工具条的栅格工具，或按 F7。

（2）当栅格间距设置得太密时，系统将提示该视图中栅格间距太小不能显示，如果图形缩放太大，栅格点也可能显示不出来，此时可用 ZOOM 命令调整。

（3）栅格就像是坐标纸，可以大大提高作图效率。

（4）栅格中的点只是作为一个定位参考点被显示，它不是图形实体，改变 POINT 点的形状、大小设置对栅格点不会起作用，它不能用编辑实体的命令进行编辑，也不会随图形输出。

二、捕捉

捕捉模式用于限定光标移动间距，使其按照用户定义的间距移动。当打开捕捉模式时，光标只能处于离光标最近的捕捉点上。捕捉模式有助于使用箭头键或定点设备来精确地定位点。当使用键盘输入点的坐标时，AutoCAD 将忽略捕捉功能。

"栅格"模式和"捕捉"模式各自独立，如果要达到好的使用效果，需要将栅格与捕捉功能同时打开。

1．捕捉的打开与关闭

在 AutoCAD 中，可以使用以下方法来打开"捕捉"功能。

状态栏：按下"捕捉"按钮。

快捷键：按 F9 键。

命令行：输入 SNAP 命令。

2．捕捉的间距设置

捕捉的间距设置可以通过以下两种方法进行：

1）在"草图设置"对话框中设置

在"捕捉与栅格"选项卡的"捕捉 X 轴间距"与"捕捉 Y 轴间距"文本框内，分别设置 X 轴和 Y 轴方向的间距。

2）使用 SNAP 命令

在命令行输入 SNAP，回车，其命令行提示如下：

指定捕捉间距或［开（ON）/关（OFF）/纵横向间距（A）/旋转（R）/样式（S）/类型（T）] <10.0000>：（输入 A）。

指定水平间距（X）<10.0000>：（输入 10）。

指定垂直间距（Y）<10.0000>：（输入 10）。

默认在复选框中选中"X 和 Y 间距相等",此时只需要输入一个间距值,设置的 X 和 Y 轴的间距值就会是相同的该距离。

3．捕捉类型

栅格捕捉分为矩形捕捉与等轴测捕捉两种类型,如图 1—10 所示。矩形捕捉是栅格捕捉的默认类型,而等轴测捕捉是为绘制轴测图而设计的栅格捕捉。栅格捕捉类型的选择在"草图设置"对话框"捕捉与栅格"选项卡中进行设定。

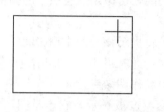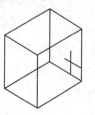

(a)矩形捕捉　　　　　　　(b)等轴测捕捉

图 1—10　矩形捕捉与等轴测捕捉

4．手动对象捕捉

手动对象捕捉可以捕捉到单一对象,如直线的端点、圆心点、线与线的交点等。手动捕捉只对本次命令有效,如果需要再次捕捉,需要重新调用命令。

1）手动捕捉方法

在绘图过程中,当要求指定点时,可以使用以下几种方法进行手动对象捕捉。

工具栏:单击"对象捕捉"工具栏中相应的特征点按钮。

快捷菜单:按下 Shift 键或者 Ctrl 键,在绘图窗口右击打开对象捕捉快捷菜单。

命令行:在命令行输入关键字(如 FROM、MID、CEN、QUA 等)。

使用上述方法,再把光标移到要捕捉对象的特征点附近,即可捕捉到相应的对象特征点。

2）对象捕捉的种类

端点(END):捕捉直线段或圆弧等对象的端点。

中点(MID):捕捉直线段或圆弧等对象的中点。

交点(INT):捕捉直线段或圆弧等对象之间的交点。

外观交点(APPINT):捕捉二维视图中看上去相交而在三维空间中并不相交的点。

延长线(EXT):捕捉对象延长线上的点。

圆心(CEN):捕捉圆或圆弧的圆心。

象限点(QUA):捕捉圆周上 0°、90°、180°、270°位置的点。

切点(TAN):捕捉所绘制的圆或圆弧上的切点。

垂直(PER):捕捉所绘制的线段与其他线段的垂足点。

平行(PAR):捕捉可使线性对象与某线平行的点。

节点(NOD):捕捉单独绘制的点。

插入点(INS):捕捉到属性、形、块或文字的插入点。

5. 自动对象捕捉

绘图的过程中，使用对象捕捉的频率非常高。为此，AutoCAD 又提供了一种自动对象捕捉模式。

自动捕捉就是当把光标放在一个对象上时，系统可以自动捕捉到对象上符合条件的几何特征点，并显示相应的标记。如果把光标在捕捉点标记上多停留一会，系统还会显示捕捉的提示。这样，在选点之前，就可以预览和确认捕捉点。

1）启用自动对象捕捉

状态栏：单击状态栏的"对象捕捉"按钮。

快捷键：按 F3 键。

选项卡：在"草图设置"对话框的"对象捕捉"选项卡中，选中"启用对象捕捉"复选框，然后在"对象捕捉模式"选项组中选中相应复选项。"对象捕捉"对话框如图1-11 所示。

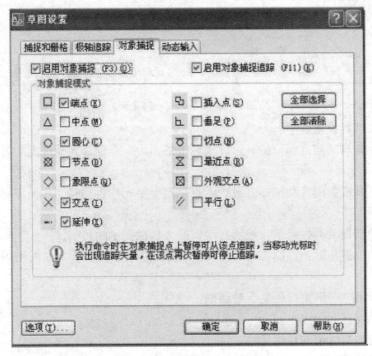

图 1-11 "草图设置"对话框

2）设置对象捕捉模式

对象捕捉模式，设置的是可以自动捕捉到的几何特征点类型。

打开"草图设置"对话框，在"对象捕捉"选项卡的"对象捕捉模式"选项组中选中相应复选项，就可以自动捕捉该类型的几何特征点。

3）自动对象捕捉与追踪的相关设置

选择"工具"菜单栏→"选项"命令，将打开"选项"对话框，选择对话框中的"草图"选项卡（如图 1-12 所示），可以设置多个功能的选项。

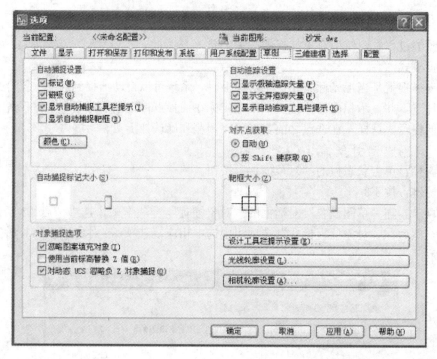

图 1—12　"草图"选项卡

（1）自动捕捉设置。

标记：控制自动捕捉标记的显示。该标记是当十字光标移到捕捉点上时显示的几何符号。

磁吸：打开或关闭自动捕捉磁吸。磁吸是指十字光标自动移动并锁定到最近的捕捉点上。

显示自动捕捉工具栏提示：控制自动捕捉工具栏提示的显示。

显示自动捕捉靶框：控制自动捕捉靶框的显示。靶框是捕捉对象时出现在十字光标内部的方框。

颜色：显示"图形窗口颜色"对话框。

（2）自动捕捉标记大小。

设置自动捕捉标记的显示尺寸。

（3）对象捕捉选项。

忽略图案填充对象：指定在打开对象捕捉时，对象捕捉忽略填充图案。

使用当前标高替换 Z 值：指定对象捕捉忽略对象捕捉位置的 Z 值，并使用为当前 UCS 设置的标高的 Z 值。

对动态 UCS 忽略负 Z 对象捕捉：指定使用动态 UCS 期间对象捕捉忽略具有负 Z 值的几何体。

（4）自动追踪设置。

控制与自动追踪方式相关的设置。

显示极轴追踪矢量：当极轴追踪打开时，将沿指定角度显示一个矢量。使用极轴追踪，可以沿角度绘制直线。

显示全屏追踪矢量：控制追踪矢量的显示。

（5）对齐点获取。

控制在图形中显示对齐矢量的方法。

自动：当靶框移到对象捕捉上时，自动显示追踪矢量。

用 Shift 键获取：当按 Shift 键并将靶框移到对象捕捉上时，将显示追踪矢量。

（6）靶框大小。

设置自动捕捉靶框的显示尺寸。如果选择"显示自动捕捉靶框"，则当捕捉到对象时靶框显示在十字光标的中心。靶框的大小确定磁吸将靶框锁定到捕捉点之前，光标应到达与捕捉点多近的位置。

三、正交

在正交模式下，可以精确绘制横平竖直的直线。打开正交方式的方法有以下几种：

状态栏：按下"正交"按钮。

快捷键：直接按 F8 键，就可打开正交方式，F8 键是正交开关。

命令行：输入 ORTHO 命令。

打开正交绘图模式后，可以通过限制光标只在水平或垂直轴上移动，来达到直角或正交模式下绘图的目的。例如在缺省 0 度方向时（0 度为"3 点位置"或"东"向），打开正交模式操作，线的绘制将严格地限制为 0°、90°、180°或 270°，在画线时，生成的线是水平还是垂直的取决于哪根轴离光标远。当激活等轴测捕捉和栅格时，光标移动将在当前等轴测平面上等价地进行。

四、极轴追踪

在 AutoCAD 中，正交的功能经常用，自从 AutoCAD 2000 版本以来就增加了一个极轴追踪的功能，使一些绘图工作更加容易。其实极轴追踪与正交的作用有些类似，也是为要绘制的直线临时对齐路径，然后输入一个长度单位就可以在该路径上绘制一条指定长度的直线。理解了正交的功能后，就不难理解极轴追踪了。

默认情况下，对象捕捉追踪设置为正交，对齐路径将显示在始于已获取的对象点的 0°、90°、180°和 270°方向上。可以在"草图设置"里使用"极轴角设置"功能修改增量角。

以绘制一条长度为 10 个单位，与 X 轴成 30°的直线为例说明极轴追踪的一个简单应用，具体步骤：

（1）在任务栏的"极轴追踪"上点击右键，选择"设置"选项，弹出如图 1—13 所示的菜单，选中"启用极轴追踪"并调节"增量角"为 30，点击"确定"关闭对话框。

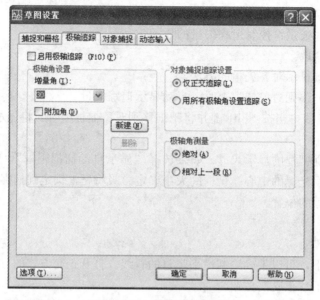

图 1-13　极轴追踪设置

（2）输入直线命令"Line"回车，在屏幕上点击第一点，慢慢地移动鼠标，当光标跨过 0°或者 30°角时，AutoCAD 将显示对齐路径和工具栏提示，如图 1-14 所示。

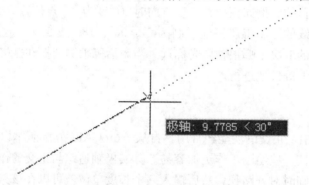

图 1-14　极轴追踪的应用

虚线为对齐的路径，黑底白字的为工具栏提示。当显示提示的时候，输入线段的长度 10 并回车，那么 AutoCAD 就在屏幕上绘出了与 X 轴成 30°角且长度为 10 的一段直线。当光标从该角度移开时，对齐路径和工具栏提示消失。

五、对象捕捉追踪

对象捕捉追踪需要在对象捕捉功能打开的情况下，结合使用才能起到效果。使用对象捕捉追踪沿着对齐路径进行追踪，对齐路径是基于对象捕捉点的。已获取的点将显示一个小加号（+），一次最多可以获取七个追踪点。获取了点之后，当在绘图路径上移动光标时，相对于获取点的水平、垂直或极轴对齐路径将显示出来。

1. 示例

如图 1-15 所示，绘制直角三角形。已有直线 AB，绘制三角形 ABC，角 C 为直角，AB 为斜边。

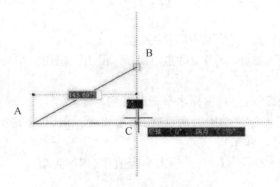

图 1-15 使用极轴角

（1）在"草图设置"对话框中，对象捕捉模式选择"端点"，对象捕捉追踪的设置选择为"仅正交追踪"。

（2）按下状态栏上的"对象捕捉"和"对象捕捉追踪"按钮。

（3）调用直线命令，绘制直线 AB。

（4）接下来要去寻找第三点 C。先将鼠标移动到 B 点，显示端点标记；再将鼠标从 B 点处向下移动，此时会出现一条向下追踪的虚线；再将鼠标移动回 A 点处，然后将鼠标水平向右移动，出现一条水平极轴追踪线，就可以寻找到如图 1-15 所示的两条极轴的交点，点击鼠标，即为 C 点。

在"对象捕捉"工具栏中，还有两个非常有用的对象捕捉工具，即"临时追踪点"和"捕捉自"工具。

2. 临时追踪点

1）示例

使用"临时追踪点"工具，绘制指定位置的圆，如图 1-16 所示。

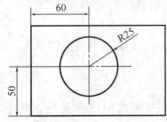

图 1-16 "临时追踪点"和"捕捉自"应用示例

2）命令功能

可在一次操作中创建多条追踪线，并根据这些追踪线确定所要定位的点。

3）命令输入

在绘图命令执行过程中需指定点时，使用该命令。

工具栏：点击"捕捉"工具栏中的━按钮。

命令行：输入"TT"。

4）完成示例

输入 CIRCLE 命令，命令行提示：

指定圆的圆心或［三点（3P）/两点（2P）/相切、相切、半径（T）］：　（输入"TT"命令）。

指定临时对象追踪点：（拾取矩形左下角点）。

指定圆的圆心或［三点（3P）/两点（2P）/相切、相切、半径（T）］：（再次输入"TT"命令）。

指定临时对象追踪点：（将鼠标水平指向右侧，输入"60"，回车）。

指定圆的圆心或［三点（3P）/两点（2P）/相切、相切、半径（T）］：（将鼠标垂直指向上方，输入"50"，回车）。

指定圆的半径或［直径（D）］：（输入半径值"25"，回车）。

3. 捕捉自

1）示例

使用"捕捉自"工具，绘制指定位置的圆，如图1-16所示。

2）命令功能

"捕捉自"工具可以提示输入基点，并将该点作为临时参照点，使用相对坐标指定下一个应用点。它不是对象捕捉模式，但经常与对象捕捉一起使用。

3）命令输入

在绘图命令执行过程中，需指定点时，使用该命令。

工具栏：点击"捕捉"工具栏中的　按钮。

命令行：输入"FROM"。

4）完成示例

输入"CIRCLE"命令，命令行提示：

指定圆的圆心或［三点（3P）/两点（2P）/相切、相切、半径（T）］：　（输入"FROM"命令）。

指定基点：（拾取矩形左下角点）。

＜偏移＞：（输入"@60，50"，回车）。

指定圆的半径或［直径（D）］：（输入半径值"25"，回车）。

六、对象捕捉

设置自动捕捉模式后，当系统要求用户指定一个点时，把光标放在某对象上，系统便会自动捕捉到该对象上符合条件的特征点，并显示出相应的标记，如果光标在特征点处多停留一会，还会显示该特征点的提示，这样用户在选点之前，只需先预览一下特征点的提示，然后再确认就可以了。

如果在系统的工具栏区没有显示如图1-17所示的"对象捕捉"工具栏，可在系统的工具栏区右击，从弹出的快捷菜单中选择"对象捕捉"命令。

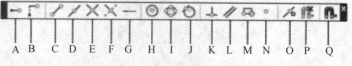

图1-17　"对象捕捉"工具栏

1. 功能介绍

在绘图过程中，当系统要求用户指定一个点时（例如选择直线命令后，系统要求指定一点作为直线的起点），可单击该工具栏中相应的特征点按钮，再把光标移到要捕捉对象上的特征点附近，系统即可捕捉到该特征点。"对象捕捉"工具栏各按钮的功能说明如下：

（1）临时追踪点：通常与其他对象捕捉功能结合使用，用于创建一个临时追踪参考点，然后绕该点移动光标，即可看到追踪路径，可在某条路径上拾取一点。

（2）捕捉自：通常与其他对象捕捉功能结合使用，用于拾取一个与捕捉点有一定偏移量的点。例如，在系统提示输入一点时，单击此按钮及"捕捉端点"按钮后，在图形中拾取一个端点作为参考，然后在命令行"－from 基点：－endp 于<偏移>："的提示下，输入以相对极坐标表示的相对于该端点的偏移值（如@8<45），即可获得所需点。

（3）捕捉端点：可捕捉对象的端点，包括圆弧、椭圆弧、直线、多段线线段、射线的端点，以及实体及三维面边线的端点。

（4）捕捉中点：可捕捉对象的中点，包括圆弧、椭圆弧、多线、直线、多段线的线段、样条曲线、构造线的中点，以及三维实体和面域上任意一条边线的中点。

（5）捕捉交点：可捕捉两个对象的交点，包括圆弧、圆、椭圆、椭圆弧、多线、直线、多段线、射线、样条曲线、参照线彼此间的交点，还能捕捉面域和曲面边线的交点，但却不能捕捉三维实体的边线的角点。如果按相同的 X、Y 方向的比例缩放图块，则可以捕捉图块中圆弧和圆的交点。另外，还能捕捉两个对象延伸后的交点（我们称之为"延伸交点"），但是必须保证这两个对象沿着其路径延伸肯定会相交。若要使用延伸交点模式，必须明确地选择一次交点对象捕捉方式，然后单击其中一个对象，之后系统提示选择第二个对象，单击第二个对象后，系统将立即捕捉到这两个对象延伸所得到的虚构交点。

（6）捕捉外观交点：捕捉两个对象的外观交点，这两个对象实际上在三维空间中并不相交，但在屏幕上显得相交。可以捕捉由圆弧、圆、椭圆、椭圆弧、多线、直线、多段线、射线、样条曲线或参照线构成的两个对象的外观交点。延伸的外观交点的意义和操作方法与上面介绍的"延伸交点"基本相同。

（7）捕捉延长线（也叫"延伸对象捕捉"）：可捕捉到沿着直线或圆弧的自然延伸线上的点。若要使用这种捕捉，须将光标暂停在某条直线或圆弧的端点片刻，系统将在光标位置添加一个小小的加号（＋），以指出该直线或圆弧已被选为延伸线，然后在沿着直线或圆弧的自然延伸路径移动光标时，系统将显示延伸路径。

（8）捕捉圆心：捕捉弧对象的圆心，包括圆弧、圆、椭圆、椭圆弧或多段线弧段的圆心。

（9）捕捉象限点：可捕捉圆弧、圆、椭圆、椭圆弧或多段线弧段的象限点，象限点可以想象为将当前坐标系平移至对象圆心处时，对象与坐标系正 X 轴、负 X 轴、正 Y 轴、负 Y 轴等四个轴的交点。

（10）捕捉切点：捕捉对象上的切点。在绘制一个图元时，利用此功能，可使要绘

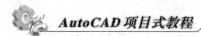

制的图元与另一个图元相切。当选择圆弧、圆或多段线弧段作为相切直线的起点时，系统将自动启用延伸相切捕捉模式。

注意：延伸相切捕捉模式不可用于椭圆或样条曲线。

（11）捕捉垂足：捕捉两个相垂直对象的交点。当将圆弧、圆、多线、直线、多段线、参照线或三维实体边线作为绘制垂线的第一个捕捉点的参照时，系统将自动启用延伸垂足捕捉模式。

（12）捕捉平行线：用于创建与现有直线段平行的直线段（包括直线或多段线线段）。使用该功能时，可先绘制一条直线 A，再绘制要与直线 A 平行的另一直线 B 时，先指定直线 B 的第一个点，然后单击该捕捉按钮，接着将鼠标光标暂停在现有的直线段 A 上片刻，系统便在直线 A 上显示平行线符号，在光标处显示"平行"提示，绕着直线 B 的第一点转动皮筋线，当转到与直线 A 平行方向时，系统显示临时的平行线路径，在平行线路径上某点处单击指定直线 B 的第二点。

（13）捕捉插入点：捕捉属性、形、块或文本对象的插入点。

（14）捕捉节点：可捕捉点对象，此功能对于捕捉用 DIVIDE 和 MEASURE 命令插入的点对象特别有用。

（15）捕捉最近点：捕捉在一个对象上离光标最近的点。

（16）无捕捉：不使用任何对象捕捉模式，即暂时关闭对象捕捉模式。

（17）对象捕捉设置：单击该按钮，系统弹出"草图设置"对话框。

2. 使用捕捉字符命令来进行对象捕捉

在绘图时，当系统要求用户指定一个点时，可输入所需的捕捉命令的字符，再把光标移到要捕捉对象的特征点附近，即可以选择现有对象上的所需特征点。各种捕捉命令参见表 1-1。

表 1-1　捕捉命令字符列表

捕捉类型	对应命令	捕捉类型	对应命令
临时追踪点	TT	捕捉自	FROM
端点捕捉	END	中点捕捉	MID
交点捕捉	INT	外观交点捕捉	APPINT
延长线捕捉	EXT	圆心捕捉	CEN
象限点捕捉	QUA	切点捕捉	TAN
垂足捕捉	PER	捕捉平行线	PAR
插入点捕捉	INS	捕捉最近点	NEA

七、动态输入

在动态输入功能启用后，当某个命令处于活动状态时，光标旁边会显示工具栏提示信息，该信息将随着光标的移动而动态更新（称为动态提示）。同时，用户可以在工具栏提示中输入坐标值或者进行其他操作，而不必在命令行中进行输入，这样可以帮助用户专注于绘图区域。

动态输入有两种类型：指针输入，用于输入坐标值；标注输入，用于输入距离和角度值。

动态提示是配合指针输入和标注输入使用的。

1. 启用动态输入功能

状态栏：按下"DYN"按钮。

快捷键：按 F12 键。

2. 动态输入功能设置

打开"草图设置"对话框，在"动态输入"选项卡中有三个组件：指针输入、标注输入和动态提示，如图 1-18 所示。

图 1-18　"动态输入"选项卡

1）启用指针输入

选中"启用指针输入"复选框可以启用指针输入功能。

当启用指针输入且有命令在执行时，在光标附近的工具栏提示中将显示十字光标的位置坐标，按 TAB 键可以在 X、Y 坐标间切换。

可以在"指针输入"选项组中单击"设置"按钮，使用打开的"指针输入设置"对话框可设置坐标输入的默认格式，以及控制指针输入工具栏提示何时显示。设置选项如图 1-19（a）所示。

如果在"格式"选项框中"对于第二个点和后续的点，默认为"选项选择"相对坐标"，则输入相对坐标值时不需要加前缀"@"符号，输入绝对坐标时必须在坐标值前加前缀"#"。

如果选择"绝对坐标"，则输入相对坐标值时必须要加前缀"@"符号，输入绝对坐标时不必在坐标值前加前缀"#"。

2）启用标注输入

选中"可能时启用标注输入"复选框可以启用标注输入功能。

启用标注输入时，当命令提示输入第二点时，工具栏提示将显示距离和角度值。

在"标注输入"选项组中单击"设置"按钮，使用打开的"标注输入的设置"对话框可以设置标注的可见性，如图1-19（b）所示。

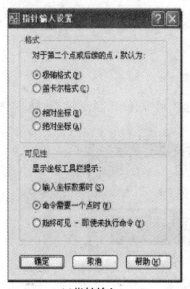
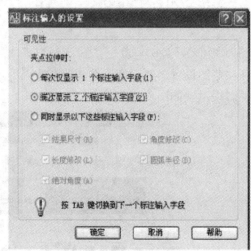

(a)指针输入　　　　　　　　　　　　　　(b)标注输入

图1-19　输入设置选项板

3）动态提示显示

选中"动态提示"选项组中的"在十字光标附近显示命令提示和命令输入"复选框，可以在光标附近显示命令提示，如图1-20所示。

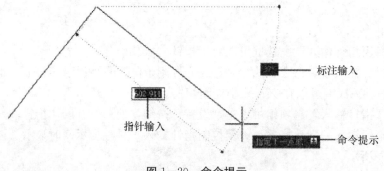

图1-20　命令提示

八、线宽

画图时，需要不一样的线宽的线条，在不点击线宽这一按钮下，是不显示各线的宽度的，除了多段线以外所有的线一样宽；如果点击线宽这一按钮后，就会以不同的宽度显示。结果如图1-21所示。

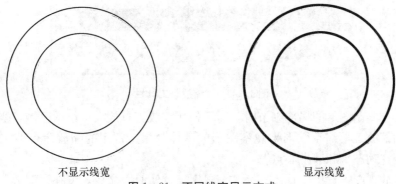

不显示线宽   显示线宽

图 1-21　不同线宽显示方式

模块五　显示控制

一、图形的缩放

选择"视图"→"缩放"中的子命令或使用"缩放"工具栏或在命令行输入"ZOOM"，可以控制视图的缩放。"缩放"菜单和工具栏如图 1-22 和 1-23 所示。

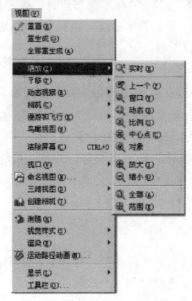

图 1-22　"缩放"菜单

图 1—23 "缩放"工具栏

通常，在绘制图形的局部细节时，需要使用缩放工具放大该绘图区域，当绘制完成后，再使用缩放工具缩小图形来观察图形的整体效果。常用的缩放命令或工具有"实时""窗口""动态"和"中心点"。

实时缩放视图：选择"视图"→"缩放"→"实时"命令，或在"缩放"工具栏中单击"实时缩放" 按钮，进入实时缩放模式，此时鼠标指针呈"−"形状。此时按住鼠标左键不放，向上拖动光标可放大整个图形，向下拖动光标可缩小整个图形，释放鼠标后停止缩放。

窗口缩放视图：选择"视图"→"缩放"→"窗口"命令，或在"缩放"工具栏中单击"窗口缩放" 按钮，可以在屏幕上拾取两个对角点以确定一个矩形窗口，之后系统将矩形范围内的图形放大至整个屏幕。

动态缩放视图：选择"视图"→"缩放"→"动态"命令，或在"缩放"工具栏中单击"动态缩放" 按钮，可以动态缩放视图。当进入动态缩放模式时，在屏幕中将显示一个带"×"的矩形方框。单击鼠标左键，此时选择窗口中心的"×"消失，显示一个位于右边框的方向箭头，拖动鼠标可改变选择窗口的大小，以确定选择区域大小，最后按下 Enter 键，即可缩放图形。

中心点缩放视图：选择"视图"→"缩放"→"中心点"命令，或在"缩放"工具栏中单击"中心点缩放" ，在图形中指定一点，然后指定一个缩放比例因子或者指定高度值来显示一个新视图，而选择的点将作为该新视图的中心点。如果输入的数值比默认值小，则会增大图像；如果输入的数值比默认值大，则会缩小图像。

比例缩放视图：要指定相对的显示比例进行缩放，可输入带 x 比例因子数值。例如，输 2x 将显示比当前视图大两倍的视图。如果正在使用浮动视口，则可以输入 xp 来相对于图纸空间进行比例缩放。

二、图形的平移

使用平移视图命令，可以重新定位图形，以便看清图形的其他部分，此时不会改变图形中对象在整个图形中的位置或比例，只改变视图。

在 AutoCAD 中，"平移"功能通常又称为摇镜，它相当于将一个镜头对准视图，当镜头移动时，视口中的图形也跟着移动。

选择"视图"菜单→"平移"命令中的子菜单（如图 1—24 所示），或单击"标准"工具栏中的"实时平移"按钮，或在命令行直接输入 PAN 命令，都可以平移视图。使用"平移"命令平移视图时，视图的显示比例不变。除了可以上、下、左、右平移视图外，还可以使用"实时"和"定点"命令平移视图。

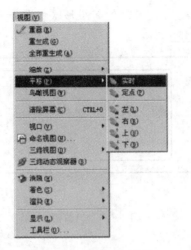

图 1-24 "平移"菜单

实时平移：选择"视图"→"平移"→"实时"命令，或在"标准"工具栏中单击"实时平移" <img> 按钮，此时光标指针变成一只小手形状，按住鼠标左键拖动，窗口内的图形就可按光标移动的方向移动。释放鼠标，可返回到平移等待状态。按 Esc 键或 Enter 键退出实时平移模式。

定点平移：选择"视图"→"平移"→"定点"命令，可以通过指定基点和位移值来平移视图。

技 能 训 练

1．思考题：

（1）如何设置绘图区域中的栅格点？

（2）对象捕捉都包括哪些捕捉点，具体是怎么使用的？

（3）单击鼠标右键时按 Shift 键将显示什么快捷菜单？

2．上机练习：

（1）绘制下列两个等腰三角形（如图 1-25 所示）。

①已知底边位 100，高为 40。

②顶角为直角，腰长为 80。

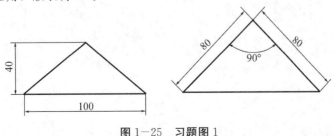

图 1-25 习题图 1

（2）绘制距离已有矩形边指定长度的新矩形（如图1—26所示）。

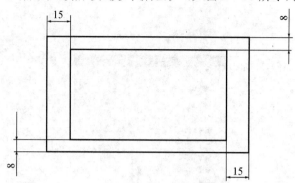

图1—26　习题图2

任务二　　平面图形的绘制

【学习目标】

了解各种平面图形的适用场合，正确理解点的各种坐标表示方式，掌握直线、射线、构造线、矩形、圆弧、多边形、样条曲线、表格的创建方法。通过学习基本的平面工具的使用方法，体会不同方法的优缺点，完成基本的简单二维平面图形的绘制。

【基础知识点】

● 绘制点
● 绘制线
● 绘制圆
● 绘制圆弧
● 绘制椭圆和椭圆弧
● 绘制填充图形
● 绘制多边形
● 样条曲线和面域
● 图案填充
● 文本注释

【任务设置】

完成如下二维平面图形的绘制。

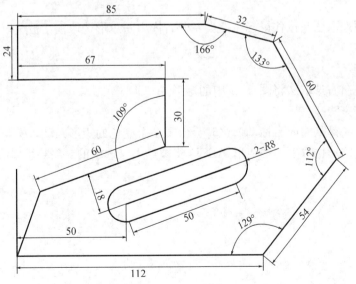

模块一　基本操作

AutoCAD 中不同的对象选择、删除的方式，会直接影响制图的速度。不同的选择方式是编辑功能能否正确实现的关键，需要在实际绘图中不断实践，养成良好的基本操作习惯。

一、选择对象

利用绘图工具只能绘制一些基本的图形对象，而一些复杂的图形必须经过编辑，进行诸如移动、复制、旋转等变换操作，才能达到需要的效果。执行这些命令时，用户必须选择需要进行操作的对象，AutoCAD 才能知道对哪一个对象进行修改。下面介绍几种常用的选择方法。

1．逐个地选择对象

（1）执行一个修改命令时，命令行中一般会显示提示"选择对象"，同时十字光标会变成矩形（称为拾取框）。

（2）移动矩形拾取框，点击视图中的一个对象，该对象即被选中，选定的对象将以虚线形式显示。

（3）再次点击其他对象，被点击的对象都将被选中。

（4）按回车键 Enter 结束对象的选择。

这种选择方式在视图中点击一次只能选择一个对象，这也是默认的选择方式。

2．窗口选择对象

1）自左向右选取

自左向右选取法是按住鼠标左键自左向右拖出一矩形选取框，被选取框完全包含的对象将被选中。

（1）示例。

使用自左向右选取法将图 2-1 中的矩形 ABCD 选中。

（2）操作方法。

按住鼠标左键从左向右拖动，这时会出现一个蓝色的矩形区域，松开鼠标后，被完全包含在蓝色矩形选取框内的矩形 ABCD 将被选中（选中的对象将呈虚线显示），而矩形 EFGH 则不被选中。

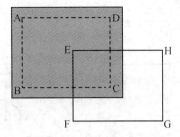

图 2-1　自左向右选取对象

2）自右向左选取

自右向左选取法是指按住鼠标左键自右向左拖出一矩形选取框，被选取框完全或部分包含的对象都将被选中。

（1）示例。

使用自右向左选取法将图 2-2 中的矩形 ABCD 和 EFGH 选中。

（2）操作方法。

按住鼠标左键从右向左拖出一个选取框，如图 2-2 所示，这时会出现一个绿色的矩形区域，当松开鼠标后，被绿色选取框完全包含的矩形 EFGH 和被部分包含的矩形 ABCD 都会被选中。

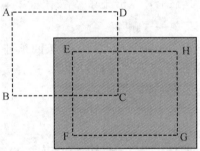

图 2-2　自右向左选取对象

3．选择全部对象

在命令行提示"选择对象"后，输入"all"按回车键 Enter，视图中的全部对象都被选中，并提示找到多少个对象。

4．栏选方式选择对象

1）示例

使用栏选法将图 2-3 中的圆和矩形对象选中。

2）操作方法

（1）选择菜单命令"修改→移动"，命令行提示"选择对象"，输入"f"，按回车键 Enter，开始栏选方式选择对象，即在视图中绘制多段线，多段线经过的对象会被选中。

（2）在视图中点击指定若干个点，绘制的多段线选择栏会虚线显示，如图2-3（a）所示。

（3）按回车键 Enter，即可选中多段线穿过的对象，图中的圆和五边形将被选中，呈虚线显示，如图 2-3（b）所示。

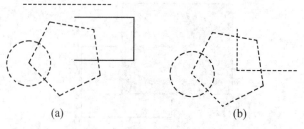

(a)　　　　　　　　　　　　　　(b)

图 2－3　栏选方式选择对象

5．撤消选择

如果需要从选择集中的对象中取消对部分对象的选择，撤消选择的方法如下：按住 Shift 键，点击要取消选择的对象，该对象即可由虚线显示改为呈实线显示，即取消了这个对象的选择状态。

二、删除对象

在绘制图形之后，用户可以根据实际需要在任何时候将其删除。

调用删除命令，方法有三种：

工具栏：在"修改"工具栏上，点击删除✎按钮。

菜单栏：选择"修改"菜单→"删除"命令。

命令行：在命令行中输入"erase"或"e"，并按回车键 Enter。

启动删除命令之后，命令行提示"选择对象"，选择要删除的对象后，按回车键 Enter 或点击鼠标右键，即可删除选择的对象。

模块二　点坐标的输入

AutoCAD 中绘图，各个不同的基本形状均需要通过点的坐标来确定位置，需要通过线的长度来决定形状。线也是由点组成的，因此，点坐标的确定便是精确绘图的主要影响因素。点坐标的输入方式主要有两种：鼠标直接在绘图区域单击确定、直接在命令行输入。

【模块任务】完成如图 2－4 所示图形的绘制。

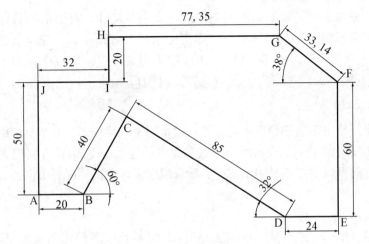

图 2-4　直线图形

一、鼠标输入法

在命令的执行中，当命令行提示信息为指定某点时，使用鼠标在绘图区中点击，此时将直接输入该点位置的坐标值。该方法操作快捷，如果要精确绘制，需要结合状态工具栏中的捕捉工具来实现，使对象实现连接或绘制到指定位置。

二、键盘输入法

键盘输入法就是通过键盘在命令行输入坐标值。在 AutoCAD 中，通常输入坐标可以使用绝对直角坐标、相对直角坐标、绝对极坐标和相对极坐标等方式来表示。

1. 直角坐标输入法

直角坐标系有三个坐标轴：X、Y 和 Z 轴。坐标值的输入方式是"X，Y，Z"，其中 X 值表示水平距离，Y 值表示垂直距离，Z 值表示垂直于 XY 平面的距离。在二维绘图时，通常输入方式为"X，Y"，Z 值是当前标高，默认值为 0。X 和 Y 坐标值前可以加正负号表示方向。

1）输入格式

（1）绝对直角坐标：绝对直角坐标是从原点（0，0）出发的位移，它的表示方法是"X，Y"。例如"10，20"表示该点距离原点在 X 正方向的位移为 10，在 Y 正方向的位移为 20。

（2）相对直角坐标：相对直角坐标是相对于前一点位置的直角坐标，它的表示方法是"@X，Y"。例如"@10，-20"表示该点相对前一点 X 方向向右平移 10，Y 方向向下平移 20。

2）任务分析

绘制任务设置图形 ABCDEFGHIJ，已知 A 点坐标为（100，100）。

若使用绝对直角坐标，则 A 点坐标为（100，100），B 点坐标为（120，100），J 点坐标为（100，150），I 点坐标为（132，150），H 点坐标为（132，170）；从实际使用的角度，在绘制图形时，我们关心的是图形的大小与尺寸，对图形的具体位置关心较少。因此，如果不知道 A 的具体坐标，则需使用相对直角坐标，先绘制 A 点后，B 点坐标为（@20，0），J 点坐标为（@0，50），之后绘制 I 点，其相对坐标为（@32，0），H 点坐标为（@0，20），G 点坐标为（@77.35，0）。

2. 极坐标输入法

极坐标系是使用距离和角度来定位点，通常用于二维图形。极坐标值的输入方式是 $L<\alpha$。其中 L 表示距离，α 表示所绘制点和原点的连线与 X 轴正方向的夹角。距离均为正值，角度前可以加正负号表示方向。默认情况下，角度逆时针方向为正，顺时针方向为负。

1）输入格式

（1）绝对极坐标：绝对极坐标是从原点（0<0）出发，给定角度和距离进行定位，其角度和距离之间要用"<"分开。如图要绘制长度为 10 的正三角形，A 点坐标"0<0"，B 点坐标为"10<60"，表示 B 点距离原点的距离为 10，该点和原点的连线与 X 轴正向的夹角为 60°。默认情况下 X 轴的正向为 0°。

（2）相对极坐标：相对极坐标是通过相对于前一点的位移和角度值来定位其他的点。

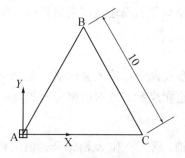

图 2-5　使用极坐标绘图

2）任务分析

在图 2-4 中绘图过程中，绘制到 B 点后，C 点必须用相对极坐标才能较简单的绘出，则 C 点坐标为（@40<60），D 点坐标为（@85<-328）或（@85<-32）。绘制到 D 点后，E 点坐标为（@24，0），F 点坐标为（@0，60），之后绘制 G 点坐标为（@33.14<142）。

模块三　直线类绘图工具的使用

一、点

在 AutoCAD 2008 中，点对象可用作捕捉和偏移对象的节点或参考点。可以通过

"单点""多点""定数等分"和"定距等分"4 种方法创建点对象。

1. 设置点的样式

在绘制点的时候，默认采用第一种很小的点的样式，在绘制后很难找到。打开"点样式"对话框，选择其他的点样式，并设置点的大小比例，可以清楚地显示出点。

操作方法：选择"格式"→"点样式"命令，打开"点样式"对话框，如图 2-6 所示，设置点的样式。

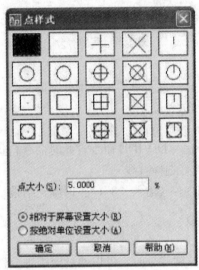

图 2-6　"点样式"对话框

2. 绘制单点与多点

1）命令功能

创建一个或多个点。

2）操作方法

工具栏：单击"绘图"工具栏中的 按钮。

菜单栏：选择"绘图"→"点"→"单点"或"多点"命令。

命令行：输入 POINT 命令。

3）操作步骤

输入 POINT 命令，此时命令行提示：

指定点：（输入坐标或在屏幕上指定点的位置）。

指定点：（继续指定下一个点的位置，直到按 Esc 结束）。

3. 定数等分

1）功能

绘制图形时，经常需要对直线、圆、圆弧等对象进行等分，可以通过定数等分快速找到等分点，如图 2-7 所示。

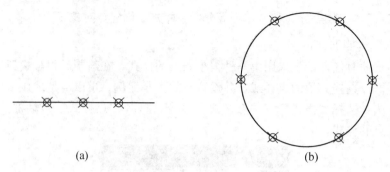

(a)   (b)

图 2-7　定数等分

2）操作方法

菜单栏：选择"绘图"→"点"→"定数等分"命令。

命令行：输入 DIVIDE 命令。

3）操作步骤

以上述直线等分为例，输入 DIVIDE 命令，此时命令行提示：

选择要定数等分的对象：（选择直线）。

输入线段数目或［块（B）］：（输入"3"，↙，得到结果）。

4．定距等分

1）功能

当需要将对象按照指定长度等分时，可以通过定距等分快速找到等分点。

2）操作方法

菜单栏：选择"绘图"→"点"→"定距等分"命令。

命令行：输入 MEASURE 命令。

3）操作步骤

等分如下长度为 16 的直线，要求每段长度为 5。

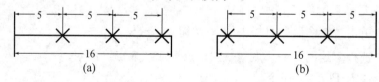

(a)   (b)

图 2-8　定距等分

命令：MEASURE

选择要定距等分的对象：（选择直线）。

指定线段长度或［块（B）］：（输入"5"，回车）。

【说明】在操作中，选择对象时，选择位置不同，操作结果不同。如果单击直线的左侧，则出现图 2-8（a）所示效果，从左侧开始依次等分距离为 5 的线段；如果单击直线的右侧，则出现图 2-8（b）所示效果，从右侧开始依次等分距离为 5 的线段。

二、直线

"直线"是各种绘图中最常用、最简单的一类图形对象，只要指定了起点和终点即可绘制一条直线。在 AutoCAD 中，可以用二维坐标（X，Y）或三维坐标（X，Y，Z）来指定端点，也可以混合使用二维坐标和三维坐标。如果输入二维坐标，AutoCAD 将会用当前的高度作为 Z 轴坐标值，默认值为 0。

1．功能

绘制出一条或多条连续的直线段，无论一次绘制多少条直线，每段直线都是一个单独的对象。

2．操作方法

工具栏：单击"绘图"工具栏中的 ✏ 按钮。

菜单栏：选择"绘图"菜单→"直线"命令。

命令行：输入 LINE 命令。

命令简写：输入 L 或 l。

3．实例展示

直线图形如图 2-9 所示。

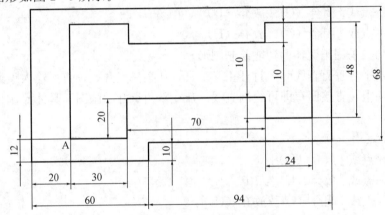

图 2-9 直线图形

操作步骤：

1）绘制外面图形

命令：＜正交开＞

命令：l

LINE 指定第一点：

指定下一点或［放弃（U）］：@60，0

指定下一点或［放弃（U）］：@0，10

指定下一点或［闭合（C）/放弃（U）］：@94，0

指定下一点或［闭合（C）/放弃（U）］：@0，68

指定下一点或［闭合（C）/放弃（U）］：@−154，0

指定下一点或［闭合（C）/放弃（U）］：c

2）绘制里面图形

从左下角 A 点开始绘制图形，为了准确查找 A 点，采用命令 from 查找点 A，具体操作如下：

命令：l

LINE 指定第一点：from

基点：＜偏移＞：@20，12

指定下一点或 [放弃 (U)]：@30，0

指定下一点或 [放弃 (U)]：@0，20

指定下一点或 [闭合 (C) /放弃 (U)]：@70，0

指定下一点或 [闭合 (C) /放弃 (U)]：@0，－10

指定下一点或 [闭合 (C) /放弃 (U)]：@24，0

指定下一点或 [闭合 (C) /放弃 (U)]：@0，48

指定下一点或 [闭合 (C) /放弃 (U)]：@－24，0

指定下一点或 [闭合 (C) /放弃 (U)]：@0，－10

指定下一点或 [闭合 (C) /放弃 (U)]：@－70，0

指定下一点或 [闭合 (C) /放弃 (U)]：@0，10

指定下一点或 [闭合 (C) /放弃 (U)]：@－30，0

指定下一点或 [闭合 (C) /放弃 (U)]：c

操作技巧：采用正交辅助功能绘制图形。

在绘制水平与垂直直线时，打开正交工具，从某一点开始，直接输入距离，将鼠标放在相应方向上，直接回车即可绘制直线。从左下角点开始画图，具体操作如下：

命令：l

LINE 指定第一点：

指定下一点或 [放弃 (U)]：60

指定下一点或 [放弃 (U)]：10

指定下一点或 [闭合 (C) /放弃 (U)]：94

指定下一点或 [闭合 (C) /放弃 (U)]：68

指定下一点或 [闭合 (C) /放弃 (U)]：154

指定下一点或 [闭合 (C) /放弃 (U)]：c

命令：l

LINE 指定第一点：from

基点：＜偏移＞：@20，12

指定下一点或 [放弃 (U)]：30

指定下一点或 [放弃 (U)]：20

指定下一点或 [闭合 (C) /放弃 (U)]：70

指定下一点或 [闭合 (C) /放弃 (U)]：10

指定下一点或 [闭合 (C) /放弃 (U)]：24

指定下一点或 [闭合 (C) /放弃 (U)]：48

指定下一点或 [闭合 (C) /放弃 (U)]：24

指定下一点或 [闭合 (C) /放弃 (U)]：10

指定下一点或［闭合（C）/放弃（U）］：70
指定下一点或［闭合（C）/放弃（U）］：10
指定下一点或［闭合（C）/放弃（U）］：30
指定下一点或［闭合（C）/放弃（U）］：c

三、构造线

构造线为两端可以无限延伸的直线，没有起点和终点，可以放置在三维空间的任何地方，主要用于绘制辅助线。

1．命令功能

绘制出无限长的构造线。

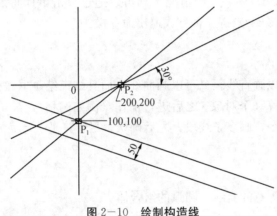

图 2—10　绘制构造线

2．操作方法

工具栏：单击"绘图"工具栏中的 按钮。

菜单栏：选择"绘图"菜单→"构造线"命令。

命令行：输入 XLINE 命令。

构造线命令的选项介绍如下：

等分（B）：垂直于已知对象或平分已知对象绘制等分构造线。

水平（H）：平行于当前 UCS 的 X 轴绘制水平构造线。

竖直（V）：平行于当前 UCS 的 Y 轴绘制垂直构造线。

角度（A）：指定角度绘制带有角度的构造线。

偏移（P）：以指定距离将选取的对象偏移并复制，使对象副本与原对象平行。

3．注意事项

构造线作为临时参考线用于辅助绘图，参照完毕，应记住将其删除，以免影响图形的效果。

四、射线

射线是从指定起点向某一方向无限延伸的直线，通常仅作为辅助线使用。

1. 输入命令的方法

菜单：绘图→射线。

工具栏：绘图→ 按钮。

命令行：RAY ↙。

2. 命令行提示

指定起点：

指定通过点：

命令行会继续提示"指定通过点："，输入通过点后，则会继续画出与第一条线具有相同起点的射线。单击 Esc 键，将退出绘制射线的命令。

【说明】在 AutoCAD 中，一般情况下均可以通过单击鼠标右键、单击回车键、单击空格键、单击退出（Esc）键 4 种方式退出命令操作。

五、多段线

多段线工具既可以画直线，又可以画曲线，而且结束绘画（按确认键或空格）后，所画的直线加曲线只算一个对象。之后进行操作（例如偏移），都是对这一个整体进行的。而如果用直线命令，画多条线段，之后确认，尽管算是一笔完成的，但操作起来算是多个对象。

1. 功能

绘制出等宽或不等宽的直线、圆弧的组合体。

2. 多段线操作方法

工具栏：单击"绘图"工具栏中的 按钮。

菜单栏：选择"绘图"菜单→"多段线"命令。

命令行：输入 PLINE 命令。

3. 多段线编辑方法

命令行：输入 PEDIT 命令。

操作如下：

命令：pedit

选择多段线或 [多条（M）]：

输入选项 [闭合（C）/合并（J）/宽度（W）/编辑顶点（E）/拟合（F）/样条曲线（S）/非曲线化（D）/线型生成（L）/放弃（U）]：

4. 实例展示

需绘制图形如图 2-11 所示。

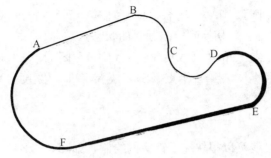

图 2-11 绘制多段线

1）分析

图形包含了直线、圆弧、不同宽度的线，使用多段线命令可以快速完成绘制。

2）操作步骤

首先输入 PLINE 命令，此时命令行提示：

指定点：（输入 A 点坐标或用鼠标指定 A 点）。

指定下一个点或［圆弧（A）/闭合（C）/半宽（H）/长度（L）/放弃（U）/宽度（W）]：（输入 B 点坐标或用鼠标指定 B 点）。

指定下一个点或［圆弧（A）/闭合（C）/半宽（H）/长度（L）/放弃（U）/宽度（W）]：（输入"A"，↙，切换到绘制圆弧的状态）。

指定圆弧的端点或［角度（A）/圆心（CE）/闭合（CL）/方向（D）/半宽（H）/直线（L）/半径（R）/第二个点（S）/放弃（U）/宽度（W）]：（用鼠标依次在屏幕上指定点 C 和 D，连续绘制两段圆弧 BC 和 CD）。

指定圆弧的端点或［角度（A）/圆心（CE）/闭合（CL）/方向（D）/半宽（H）/直线（L）/半径（R）/第二个点（S）/放弃（U）/宽度（W）]：（输入"W"，↙，设置线宽）。

指定起点宽度 <0.0000>：（输入"0"，↙）。

指定端点宽度 <0.0000>：（输入"10"，↙）。

指定圆弧的端点或［角度（A）/圆心（CE）/闭合（CL）/方向（D）/半宽（H）/直线（L）/半径（R）/第二个点（S）/放弃（U）/宽度（W）]：（用鼠标在屏幕上指定点 E，绘制圆弧 DE）。

指定圆弧的端点或［角度（A）/圆心（CE）/闭合（CL）/方向（D）/半宽（H）/直线（L）/半径（R）/第二个点（S）/放弃（U）/宽度（W）]：（输入"L"，↙，切换到绘制直线的状态）。

指定下一个点或［圆弧（A）/闭合（C）/半宽（H）/长度（L）/放弃（U）/宽度（W）]：（输入"H"，↙，设置线的半宽）。

指定起点半宽 <5.0000>：（输入"5"，↙）。

指定端点半宽 <5.0000>：（输入"3"，↙）。

指定下一个点或［圆弧（A）/闭合（C）/半宽（H）/长度（L）/放弃（U）/宽度（W）]：（输入 F 点坐标或用鼠标指定 F 点）。

指定下一个点或［圆弧（A）/闭合（C）/半宽（H）/长度（L）/放弃（U）/宽度（W）］：（输入"A"，↙，切换到绘制圆弧的状态）。

指定圆弧的端点或［角度（A）/圆心（CE）/闭合（CL）/方向（D）/半宽（H）/直线（L）/半径（R）/第二个点（S）/放弃（U）/宽度（W）］：（输入"CL"，用圆弧闭合曲线）。

5．实际应用

用不同宽度的多段线可以很快完成箭头的绘制，如图2-12所示。

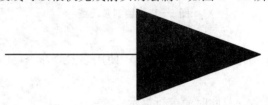

图2-12　箭头绘制

命令：_pline

指定起点：（在操作界面上选择箭头的起点）

当前线宽为0.0000

指定下一个点或［圆弧（A）/半宽（H）/长度（L）/放弃（U）/宽度（W）］：w

指定起点宽度<0.0000>：10

指定端点宽度<10.0000>：0

指定下一个点或［圆弧（A）/半宽（H）/长度（L）/放弃（U）/宽度（W）］：（在操作界面上选择箭头的端点）

指定下一点或［圆弧（A）/闭合（C）/半宽（H）/长度（L）/放弃（U）/宽度（W）］：*取消*

六、矩形

在AutoCAD中，提供了5种不同类型的矩形，均具有实用价值，需要灵活掌握。

1．功能

执行矩形命令后，提示"指定第一个角点或［倒角（C）/标高（E）/圆角（F）/厚度（T）/宽度（W）］："。

倒角（C）：设置矩形角的倒角大小，并绘带倒角的矩形。

标高（E）：确定矩形在三维空间内的基面高度。

圆角（F）：设定矩形四角为圆角及设置圆角半径大小。

厚度（T）：设置矩形的厚度，即Z轴方向的高度。

宽度（W）：设置矩形的线宽。如果该线宽为0，则根据当前图层的缺省线宽来绘矩形；如果该线宽>0，则根据该宽度而不是当前图层的缺省线宽来绘矩形。

2．操作方法

工具栏：单击"绘图"工具栏中的▭按钮。

菜单栏：选择"绘图"菜单→"矩形"命令。

命令行：输入 RECTANG 命令（或直接输入简写 rec）

3. 实例展示

普通矩形如图 2—13 所示。

图 2—13　普通矩形

1）绘制普通矩形

首先输入 RECTANG 命令，此时命令行提示：

指定第一个角点或［倒角（C）/标高（E）/圆角（F）/厚度（T）/宽度（W）］：（指定矩形的一个角点）。

指定另一个角点或［面积（A）/尺寸（D）/旋转（R）］：（指定刚才输入的点的对角点）。

上述操作适用于已知矩形的两个对角点的情况，其他情况如下：

① 若已知矩形的面积，则在第（2）步输入"A"选项，命令行提示：

输入以当前单位计算的矩形面积 <100.0000>：180

计算矩形标注时依据［长度（L）/宽度（W）］<长度>：L（也可以直接回车）

输入矩形长度 <10.0000>：18

② 若已知矩形的边长，则在第（2）步输入"D"选项，命令行提示：

指定矩形的长度 <10.0000>：18

指定矩形的宽度 <10.0000>：10

指定另一个角点或［面积（A）/尺寸（D）/旋转（R）］：（用鼠标指定另一个角点的方向）。

③ 若想绘制一个与水平方向夹角为 45°的矩形，则在第（2）步输入"R"选项，命令行提示：

指定旋转角度或［拾取点（P）］<0>：45

指定另一个角点或［面积（A）/尺寸（D）/旋转（R）］：（用鼠标指定另一个角点的方向）。

2）绘制如下带宽度的矩形

如图 2—14 所示。

图 2—14　宽度矩形

命令：rec

RECTANG

指定第一个角点或［倒角（C）/标高（E）/圆角（F）/厚度（T）/宽度（W）］：w

指定矩形的线宽 <0.0000>：2

指定第一个角点或［倒角（C）/标高（E）/圆角（F）/厚度（T）/宽度（W）］：

指定另一个角点或［面积（A）/尺寸（D）/旋转（R）］：

3）绘制带圆角的矩形

如图 2—15 所示。

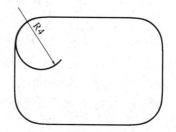

图 2—15　圆角矩形

命令：rec

RECTANG

指定第一个角点或［倒角（C）/标高（E）/圆角（F）/厚度（T）/宽度（W）］：f

指定矩形的圆角半径 <0.0000>：4

指定第一个角点或［倒角（C）/标高（E）/圆角（F）/厚度（T）/宽度（W）］：

指定另一个角点或［面积（A）/尺寸（D）/旋转（R）］：

4）绘制带倒角的矩形

如图 2—16 所示。

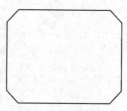

图 2—16　倒角矩形

命令：rec

RECTANG

当前矩形模式：倒角＝4.0000×2.0000（提示值，与当前绘图设置有关）

指定第一个角点或［倒角（C）/标高（E）/圆角（F）/厚度（T）/宽度（W）］：c

指定矩形的第一个倒角距离 <4.0000>：2

指定矩形的第二个倒角距离 <2.0000>：

指定第一个角点或［倒角（C）/标高（E）/圆角（F）/厚度（T）/宽度（W）］：

指定另一个角点或［面积（A）/尺寸（D）/旋转（R）］：`

5）绘制带标高的矩形

如图 2-17 所示两个矩形，下面标高为 0，上面标高为 20，其余尺寸相同。

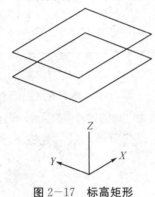

图 2-17　标高矩形

命令：RECTANG

指定第一个角点或［倒角（C）/标高（E）/圆角（F）/厚度（T）/宽度（W）］：

指定另一个角点或［面积（A）/尺寸（D）/旋转（R）］：

命令：RECTANG

指定第一个角点或［倒角（C）/标高（E）/圆角（F）/厚度（T）/宽度（W）］：e

指定矩形的标高 <0.0000>：20

指定第一个角点或［倒角（C）/标高（E）/圆角（F）/厚度（T）/宽度（W）］：

指定另一个角点或［面积（A）/尺寸（D）/旋转（R）］：

七、正多边形

1. 功能

可以使用"正多边形"命令绘制边数为 3 至 1024 的正多边形。

2. 操作方法

工具栏：单击"绘图"工具栏中的⬠按钮。

菜单栏：选择"绘图"菜单→"正多边形"命令。

命令行：输入 POLYGON 命令。

3. 实例展示

完成如图 2-18 所示图形的绘制。

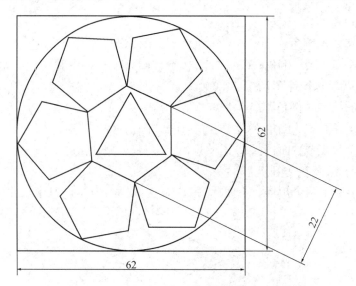

图 2—18　**练习实例**

操作提示：先绘制直径为 62 和 22 的两个同心圆，再依次用"正多边形命令"绘制外面的正四边形和里面的六边形、三角形，最后完成 6 个五边形的绘制和删除直径为 22 的圆。

八、绘制多线

1. 功能

多线由 1 至 16 条平行线组成，可以一次画出多条距离有一定规律的线，提高绘图效率。多线的效果也完全可以一条一条来画，假如平时只画一条线，那多线也没什么用，但当要一次画多条线，且多条线都是处处距离相等的时候，那多线就派上用场了。

2. 操作方法

命令：_ mline

当前设置：对正 = 上，比例 = 20.00，样式 = STANDARD

3. 实例展示

使用多线命令绘制如图 2—19 所示图形。

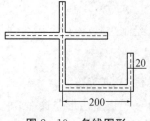

图 2—19　**多线图形**

4. 完成示例

本图例是由多条不同特性的平行线组成，可以使用多线命令绘制。在画多线之前要先设置多线的特性。绘制本图例需使用下列步骤：设置多线样式，绘制多线，编辑多线。

1）设置多线样式

（1）命令功能。

控制多线中平行线的数量和它们的特性。

（2）命令输入。

菜单栏：选择"格式"菜单→"多线样式"命令。

命令行：输入 MLSTYLE 命令。

（3）操作步骤。

① 输入 MLSTYLE 命令，打开"多线样式"对话框（如图 2－20 所示），在此对话框中可以点击"新建"按钮，创建新的多线样式或者在"样式"选项框选中某样式点击"修改"按钮，修改原多线样式（新建与修改样式的后续操作步骤基本相同）。

图 2－20　"多线样式"对话框

② 在本例中点击"新建"按钮，打开"创建新的多线样式"对话框（如图 2－21 所示）。

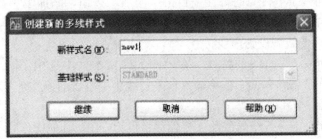

图 2－21　"创建新的多线样式"对话框

③ 在"创建新的多线样式"对话框的"新样式名"文本框中输入"new1"，点击"继续"按钮，打开"新建多线样式：new1"对话框（如图 2－22 所示）。

(a)

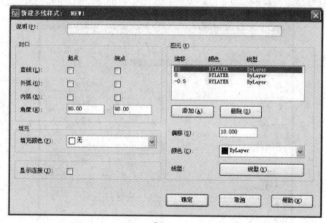

(b)

图 2-22　"新建多线样式"对话框

④ 在"新建多线样式"对话框的"封口"选项组中控制多线起点和端点的封口。具体设置如图 2-22 所示，多线起点以直线封口，封口的角度为 90°，端点不封口。

⑤ 在"新建多线样式"对话框的"图元"选项组中，设置各条平行线的特性。

A. 设置中间一条平行线的特性。点击"添加"按钮，添加了一条中间的平行线，并在"图元"文本框中显示出来〔见图 2-22（a）中深色部分〕；再点击"线型"按钮，将中间平行线的线型设为虚线。

B. 设置上面一条平行线的特性。在"图元"文本框中选中第一条平行线〔见图 2-22（b）〕，再在"偏移"文本框中输入该平行线距中心线的偏移量 10，颜色和线型保持原来设置。

C. 设置下面一条平行线的特性。将偏移量设为−10，其他操作同上。

⑥ 点击"确定"按钮，回到"多线样式"对话框中，点击"置为当前"按钮，再点击"确定"按钮，完成新样式"new1"的创建。

2）绘制多线

（1）命令功能。

创建多条平行线。

（2）命令输入。

菜单栏：选择"绘图"菜单→"多线"命令。

命令行：输入 MLINE 命令。

（3）操作步骤。

① 输入 MLINE 命令，此时命令行提示：

当前设置：对正＝上，比例＝ 20.00，样式＝ NEW1

指定起点或［对正（J）/比例（S）/样式（ST）］：（输入 J，设置多线的对正方式）。

输入对正类型［上（T）/无（Z）/下（B）］＜上＞：（输入 Z，选择此选项，多线的中心线将随输入点移动，以中心点为转折点）。

指定起点或［对正（J）/比例（S）/样式（ST）］：（输入 S，确定多线实际宽度与多线样式中设置的偏移量的比值）。

输入多线比例 ＜20.00＞：（输入 1）。

指定起点或［对正（J）/比例（S）/样式（ST）］：（指定 C 点）。

指定下一点或［放弃（U）］：（指定 D 点）。

指定下一点或［闭合（C）/放弃（U）］：（输入@0，−200，确定 E 点）。

指定下一点或［闭合（C）/放弃（U）］：（指定 F 点）。

指定下一点或［闭合（C）/放弃（U）］：（↙，结束多线绘制）。

② 输入 MLINE 命令，画多线 AB，操作步骤同上。

生成图形如图 2−23 所示。

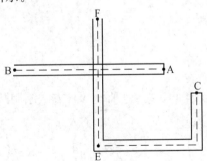

图 2−23 绘制多线

3）编辑多线

（1）命令功能。

可以编辑多线交点，也可以在多线中添加或删除任何顶点。

（2）命令输入。

菜单栏：选择"修改"菜单→"对象"菜单→"多线…"命令。

命令行：输入 MLEDIT 命令。

（3）操作步骤。

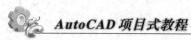
① 输入 MLEDIT 命令，打开"多线编辑工具"对话框（如图 2-24 所示）。

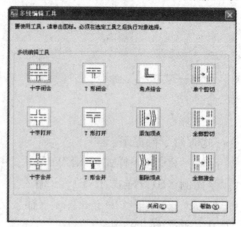

图 2-24 "多线编辑工具"对话框

② 在对话框中点击需要的编辑工具"十字打开"，再点击"关闭"按钮。

③ 此时命令行提示：

选择第一条多线：（选中多线 AB）。

选择第二条多线：（选中多线 CDEF）。

选择第一条多线或 [放弃（U）]：（↙，结束命令），生成所示图形。

模块四　曲线类绘图工具的使用

一、圆

1. 功能

可以根据实际需求，选择如图 2-25 所示 6 种方法绘制圆。

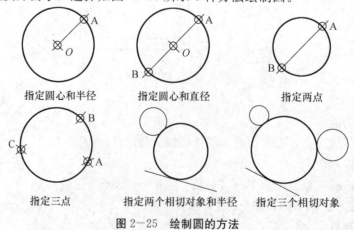

指定圆心和半径　　　　指定圆心和直径　　　　指定两点

指定三点　　　指定两个相切对象和半径　　　指定三个相切对象

图 2-25 绘制圆的方法

2．操作方法

工具栏：单击"绘图"工具栏中的按钮。

菜单栏：选择"绘图"菜单→"圆"命令。

命令行：输入 CIRCLE 命令。

3．实例展示

1）指定圆心、半径方式

首先输入 CIRCLE 命令，此时命令行提示：

指定圆的圆心或［三点（3P）/两点（2P）/相切、相切、半径（T）］：（输入圆心坐标或用鼠标在屏幕上指定圆心 O）。

指定圆的半径或［直径（D）］：（输入半径值或光标点击 A 点）。

2）指定圆心、直径方式

在"圆心、半径"方式的第二步中，输入"D"选项，再输入直径值即可。

3）指定直径的两端点方式

输入 CIRCLE 命令，此时命令行提示：

指定圆的圆心或［三点（3P）/两点（2P）/相切、相切、半径（T）］：（输入"2P"，↙）。

指定圆直径的第一个端点：（指定点 A）。

指定圆直径的第二个端点：（指定点 B）。

4）指定圆上三点方式

输入 CIRCLE 命令，此时命令行提示：

指定圆的圆心或［三点（3P）/两点（2P）/相切、相切、半径（T）］：（输入"3P"，↙）；

指定圆上的第一个点：（指定圆上的 A 点）。

指定圆上的第二个点：（指定圆上的 B 点）。

指定圆上的第三个点：（指定圆上的 C 点）。

5）指定两个相切对象和半径

输入 CIRCLE 命令，此时命令行提示：

指定圆的圆心或［三点（3P）/两点（2P）/相切、相切、半径（T）］：（输入"T"，↙）。

指定对象与圆的第一个切点：（光标接触第一个相切对象，会出现"递延切点"标志，在切点附近点击）。

指定对象与圆的第二个切点：（在圆与第二个对象的切点附近点击）。

指定圆的半径：（输入半径值，↙）。

6）指定三个相切对象

选择"绘图"菜单→"圆"→"相切、相切、相切"方式，此时命令行提示：

指定圆的圆心或［三点（3P）/两点（2P）/相切、相切、半径（T）］：_ 3p 指定圆上的第一个点：_ tan 到第一个对象（在圆与第一个对象的切点附近点击）。

指定圆上的第二个点：_ tan 到第二个对象（在圆与第二个对象的切点附近点击）。
指定圆上的第三个点：_ tan 到第三个对象（在圆与第三个对象的切点附近点击）。
切点的点击位置会影响最终绘出的圆。

二、圆弧

1. 功能

圆弧即为圆的一部分，AutoCAD 提供了如图 2-26 所示 11 种方法来绘制圆弧，可以根据已知的实际条件，选择合适方法，绘制圆弧。

图 2-26　11 种圆弧绘制选项

如果已知起点、中心点和端点，可以通过首先指定起点或中心点来绘制圆弧。如果存在可以捕捉到的起点和圆心点，并且已知包含角度，请使用"起点、圆心、角度"或"圆心、起点、角度"选项，包含角度决定圆弧的端点。如果已知两个端点但不能捕捉到圆心，可以使用"起点、端点、角度"法，通过指定起点、端点、角度绘制圆弧。如果存在可以捕捉到的起点和中心点，并且已知弦长，请使用"起点、圆心、长度"或"圆心、起点、长度"选项，弧的弦长决定包含角度，通过指定起点、端点、方向/半径绘制圆弧。如果存在起点和端点，请使用"起点、端点、方向"或"起点、端点、半径"选项。

2. 操作方法

工具栏：单击"绘图"工具栏中的 ⌒ 按钮。
菜单栏：选择"绘图"菜单→"圆弧"命令。
命令行：输入 ARC 命令。

1）"三点"方式画弧

三点方式是 ARC 命令的缺省方式，是最常用的一种画弧方式。该方式根据3个点来确定圆弧，第一个点为圆弧起点，第二个点为圆弧上的任意点，第三个点为圆弧的端点。

命令：ARC↙

指定圆弧的起点或［圆心（C）］：拾取 A↙

指定圆弧的第二个点或［圆心（C）/端点（E）］：拾取 B↙

指定圆弧的端点：拾取 C↙

结果如图 2-27 所示。

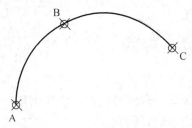

图 2-27 三点定弧

2）"起点、圆心、端点"方式画弧

从起点开始，沿逆时针向终点方向绘制圆弧。

命令：ARC↙

指定圆弧的起点或［圆心（C）］：拾取 A↙

指定圆弧的第二个点或［圆心（C）/端点（E）］：C↙

指定圆弧的圆心：拾取 B↙

指定圆弧的端点或［角度（A）/弦长（L）］：拾取 C↙

结果如图 2-28 所示。

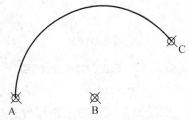

图 2-28 起点、圆心方式画弧

3）"起点、圆心、角度"方式画弧

从起点开始，沿逆时针或顺时针方向绘制一段弧，该段弧对应的圆心角由用户指定，当圆心角为正数时沿逆时针方向绘制，为负数时沿顺时针绘制。

命令：ARC↙

指定圆弧的起点或［圆心（C）］：拾取 A↙

指定圆弧的第二个点或［圆心（C）/端点（E）］：c↙

指定圆弧的圆心：拾取 B↙

指定圆弧的端点或［角度（A）/弦长（L）］：a↙

指定包含角：710↙

4)"起点、圆心、长度"方式画弧

使用时,圆弧总是沿逆时针方向绘制。当弦长为正数时将绘制劣弧,为负数时绘制优弧。

命令:ARC↙

指定圆弧的起点或 [圆心 (C)]:拾取 A↙

指定圆弧的第二个点或 [圆心 (C) /端点 (E)]:c↙

指定圆弧的圆心:拾取 B↙

指定圆弧的端点或 [角度 (A) /弦长 (L)]:l↙

指定弦长:50↙

5)"起点、端点、角度"方式画弧

从起点到终点绘制一段圆弧。圆弧对应的圆心角由用户指定,当圆心角为正数时沿逆时针方向绘制,为负数时沿顺时针绘制。

命令:ARC↙

指定圆弧的起点或 [圆心 (C)]:拾取 A↙

指定圆弧的第二个点或 [圆心 (C) /端点 (E)]:e↙

指定圆弧的端点:拾取 B↙

指定圆弧的圆心或 [角度 (A) /方向 (D) /半径 (R)]:a↙

指定包含角:450↙

结果如图 2-29 所示。

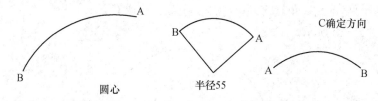

图 2-29　起点、端点方式画弧

6)"起点、端点、方向"方式画弧

AutoCAD 在起点、端点之间绘制圆弧,要求用户指定起点处的切线方向。

命令:ARC↙

指定圆弧的起点或 [圆心 (C)]:拾取 A↙

指定圆弧的第二个点或 [圆心 (C) /端点 (E)]:e↙

指定圆弧的端点:拾取 B↙

指定圆弧的圆心或 [角度 (A) /方向 (D) /半径 (R)]:d↙

指定圆弧的起点切向:C↙

7)"起点、端点、半径"方式画弧

从起点到终点按照逆时针方向绘制一段圆弧。半径由用户指定,当半径为正数时绘制劣弧,为负数绘制优弧。

命令:ARC↙

指定圆弧的起点或 [圆心 (C)]:拾取 A↙

指定圆弧的第二个点或〔圆心（C）/端点（E）〕：e↙

指定圆弧的端点：拾取 B↙

指定圆弧的圆心或〔角度（A）/方向（D）/半径（R）〕：r↙

指定圆弧的半径：55↙

8）"圆心、起点、端点"方式画弧

同"起点、圆心、端点"方式类似，只是指定的第一点是圆心而不是起点。

9）"圆心、起点、角度"方式画弧

该方式与"起点、圆心、角度"方式类似。

10）"圆心、起点、长度"方式画弧

该方式与"起点、圆心、长度"方式类似。

11）"绘制连续圆弧"方式画弧

通过选择圆弧的起点或中心开始，最后通过终点绘制连续圆弧。

【说明】在 AutoCAD 中，角度为正时默认绘制逆时针方向的圆。可以使用多种方法创建圆弧。除第一种方法外，其他方法都是从起点到端点逆时针绘制圆弧。中心点是指圆弧所在圆的圆心。

【技巧】在 CAD 中，为了操作简单快捷，如果是想要圆弧效果，你可以先画圆，将圆修剪（修剪是一个命令）或者将圆打断（打断也是一个命令），删除你不要的那部分即可。

三、绘制椭圆与椭圆弧

1. 功能

绘制指定的长轴、短轴长度的椭圆或椭圆的一部分。

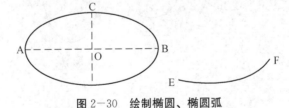

图 2—30 绘制椭圆、椭圆弧

2. 操作方法

工具栏：单击"绘图"工具栏中的 ⬭ 按钮或 ⌒ 按钮。

菜单栏：选择"绘图"菜单→"椭圆"命令。

命令行：输入 ELLIPSE 命令。

指定椭圆的轴端点或〔圆弧（A）/中心点（C）〕：

3. 说明

（1）圆弧（A）用于绘制椭圆弧，选择该选项后 AutoCAD 提示：

指定椭圆弧的轴端点或〔中心点（C）〕：

这一提示与前面的画椭圆的提示相同，要求输入椭圆的轴端点或中心点来绘制椭圆。在确定了椭圆以后，系统将提示绘制椭圆弧的有关操作。

指定起始角度或［参数（P）］：

指定终止角度或［参数（P）/包含角度（I）］：

依次响应了上面的提示后，AutoCAD 将创建相应的椭圆弧。

（2）中心点（C）：选择该选项后，AutoCAD 提示输入椭圆的中心点，之后提示输入某一轴的端点。这样就确定了椭圆的一个半轴，后面的操作过程与"指定椭圆轴端点"选项相同。

（3）如果在此提示下直接指定一点，AutoCAD 将其作为长轴或短轴的第一端点，之后提示用户输入第二个端点，这样就确定了椭圆的一个轴。然后提示：

指定另一条半轴长度或［旋转（R）］：

若不直接指定半轴长度，而输入"R"，则提示行出现：

指定绕长轴旋转的角度：

输入角度值后生成的椭圆是将一个直径为椭圆长轴的圆绕长轴旋转，此时应给出一角度值：输入 0°为圆，输入 90°视为非法，输入正角度值与负角度值的旋转效果正好相反，如图 2-31 所示，从左到右依次为为一个轴长为 50 的椭圆旋转 -89°、-45°、0°、45°、89°的五种不同效果。

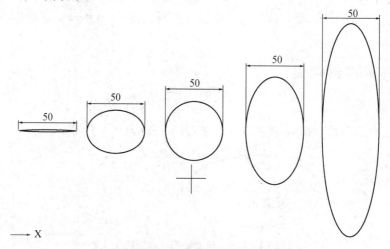

图 2-31　不同的旋转角生成的椭圆

四、修订云线

1. 功能

在绘图过程中，通过用连续的圆弧组成的图形圈出要修改或者强调的部分，并用引线加文字说明来示意。在园林相关设计中，常用云线范围表示绿化区域、大面积乔灌木等。

使用绘制云线命令绘制如图 2-32 所示图形。

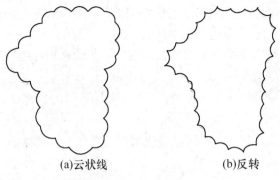

(a)云状线 (b)反转

图 2-32 绘制云线

2．操作方法

工具栏：单击"绘图"工具栏中的 按钮。

菜单栏：选择"绘图"菜单→"修订云线"命令。

命令行：输入 REVCLOUD 命令。

（1）指定起点或［弧长（A）/对象（O）/样式（S）］<对象>：（指定屏幕上的起点）。

用鼠标在屏幕上指定起点，移动鼠标，会自动延鼠标经过路径绘制出圆弧，光标回到起点处曲线自动闭合，生成图 2-32（a）。

"弧长"选项可以设置最小弧长和最大弧长。

"对象"选项可以设置云线的反转。

（2）再次输入 REVCLOUD 命令，此时命令行提示：

指定起点或［弧长（A）/对象（O）/样式（S）］<对象>：（输入"O"，↙）。

选择对象：（选中云状线）。

反转方向［是（Y）/否（N）］<否>：（输入"Y"，↙）。

组成云状线的圆弧弧长是变化的，但弧长的最大值和最小值是事先设置好的，在步骤（1）中输入"A"选项后，即可设置最大弧长值和最小弧长值。

五、绘制样条曲线

1．功能

Spline（SPL）命令绘制的样条曲线是由一组点定义的一条光滑曲线。可以用样条曲线生成一些诸如涡轮叶片或飞机翅膀等物体的形状。

2．操作方法

下拉菜单：［绘图］→［样条曲线］

工具栏：［绘图］→［样条曲线］

命令行：Spline（SPL）

执行 Spline（SPL）命令后，命令行提示"样条第一点:"；直接点取一点，系统继续提示"第二点:"；点取第二点后，系统继续提示"闭合（C）/拟合公差（F）/<下

一点>:";选取起始切点;然后提示"终点相切:"。其中各项说明如下:

闭合（C）:生成一条闭合的样条曲线。

拟合公差（F）:键入曲线的偏差值,值越大,曲线就相对越平滑。

起始切点:给定起始点切线。

终点相切:给定终点切线。

3. 实例展示

用 Spline 命令绘制如图 2-33 所示流线型样条曲线,其具体操作如下:

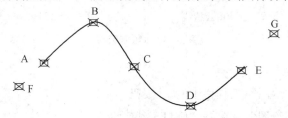

图 2-33　用 Spline 命令绘制流线型样条曲线

命令:Spline   执行 Spline 命令

样条第一点:点取点 A   指定样条曲线上的一点

第二点:点取点 B   指定样条曲线上的一点

闭合（C）/拟合公差（F）/<下一点>:点取点 C   指定样条曲线上的一点

闭合（C）/拟合公差（F）/<下一点>:点取点 D   指定样条曲线上的一点

闭合（C）/拟合公差（F）/<下一点>:点取点 E   指定样条曲线上的一点

闭合（C）/拟合公差（F）/<下一点>:   回车

选取起始切点:点取点 F   指定起点的切线方向 AF

终点相切:点取点 G   指定终点的切线方向 EG

命令: 结束命令

4. 提　示

（1）样条曲线也可以闭合,此时样条曲线的起点和终点在同一点,所以,只需给定一条样条曲线切线。

（2）缺省情况下,样条曲线通过所有的控制点。通过指定拟合公差可调整样条曲线与控制点间的距离。例如,当样条曲线的拟合公差为 0 时,样条曲线通过控制点;当拟合公差为 0.01 时,样条曲线通过起始点和终点,与控制点距离在 0.01 以内。

（3）用 Spline 命令可创建 True（真实）Spline 曲线,而用 Pedit 命令中的 Spline 选项只能得到近似的光滑多义线,即 Pline 曲线。

模块五　图案填充

【案例分析】绘制如图 2-34 所示图形过程中需要对实体部分进行填充,填充区域需要按照实际需求设定。

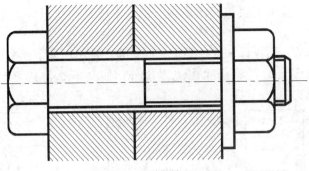

图 2-34 图案填充实例

一、区域图案填充（Bhatch/Hatch）

1．操作方法

下拉菜单：[绘图] → [图案填充（H）]

工具栏：[图案填充] ▨

命令行：Bhatch/Hatch（H）

Bhatch/Hatch 命令都能在指定的填充边界内填充一定样式的图案。Bhatch 命令通过对话框设置填充方式，包括填充图案的样式、比例、角度，填充边界等；Hatch 命令在命令行中完成填充设置。

2．选项说明

执行 Bhatch 后，打开如图 2-35 所示"填充"对话框。

1）"边界"标签页

在如图 2-35 所示"填充"对话框的边界标签页中可以完成填充边界、填充区域的设置。

对于边界集的选取方式，具有"拾取点"、"选择对象"、"删除边界"、"重新创建边界"、"查看选择集"5 个选项，下面对它们分别说明。

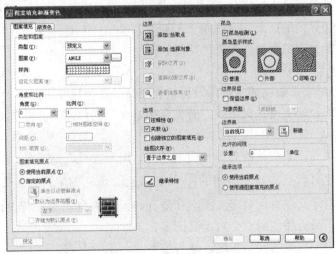

图 2-35 "填充"对话框

添加：拾取点：点取需要填充区域内一点，系统将寻找包含该点的封闭区域进行填充。

添加：选择对象：用鼠标来选择要填充的对象，常用在多个或多重嵌套的图形。

删除边界：将多余的对象排除在边界集外，使其不参与边界计算，如图 2－36 所示。

选定的内部点　　　　删除的对象　　　　结果

图 2－36　删除边界图示

重新创建边界：以填充图案自身补全其边界，采取编辑已有图案的方式，可将生成的边界类型定义为面域或多段线，如图 2-37 所示。

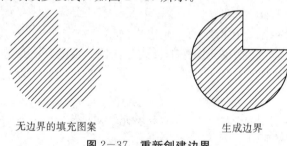

无边界的填充图案　　　　生成边界

图 2-37　重新创建边界

查看选择集：点击此按钮后，可在绘图区域亮显当前定义的边界集合。

孤岛检测：孤岛的填充方式有三种——普通、外部、忽略。

普通：从外向内隔层画剖面线。

外部：只将最外层画上剖面线。

忽略：忽略边界内的孤岛，全图画上剖面线。

预览：可以预先浏览剖面线填充的结果。

2）"样式选项"标签页

"图案填充"标签页的功能是可以设置填充图案的各种特性。

类型：单击下拉箭头可选择方式，分别是预定义、用户定义、自定义，默认为预定义方式。

图案：显示填充图案文件的名称和图案示例，用来选择填充图案。单击下拉箭头可选择填充图案。也可以点击列表后面的 按钮开启"填充图案选项板"对话框，通过预览图像，选择自定义图案。自定义图案功能允许设计人员调用自行设计的图案类型，其下拉列表将显示最近使用的六个自定义图案。

角度：图样中剖面线的倾斜角度。缺省值是 0，用户可以输入值改变角度。

比例：图样填充时的比例因子。AutoCAD 2008 提供的各图案都有缺省的比例，如果此比例不合适（太密或太稀），可以输入值，给出新比例。

图案填充原点：在实际的绘图过程中，有时需要将填充图案严格对齐到某个局部边界，此时就需要指定原点，在早期版本 AutoCAD 中使用 snapbase 参数实现，在 2008 版中把这个参数的功能设计在界面上，这就使得执行更加方便，在用鼠标指定了原点后，可以进一步调整原点相对于边界范围的位置，共有 5 种情况：左下、右下、左上、右上、正中。另外在选择了"存储为默认原点"选项后，可将原点坐标信息保存起来，避免重复设置，原点坐标值通过系统变量 HPORIGIN 查看，如图 2－38 所示。

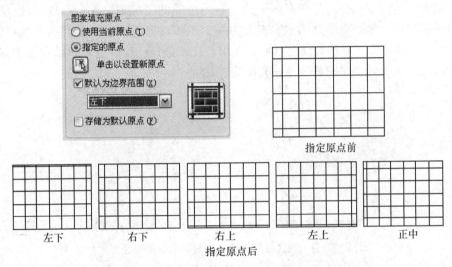

图 2－38 图案填充指定原点

渐变色：渐变色是以渐变色彩进行填充。在下一节中，我们再对渐变色专门讲述。

3）"其他选项"标签页

初始状态下，"其他选项"栏是"收起"的，当点击"其他选项"的向下箭头时，将展开如图 2－39 所示的标签项。

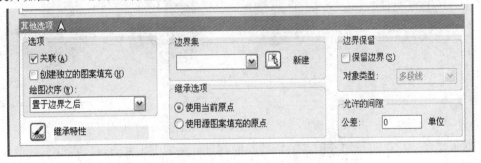

图 2－39 "其他选项"标签项

关联：确定填充图样与边界的关系。若勾选此选项，那么填充图样与填充边界保持着关联关系，当填充边界被缩放或移动时，填充图样也相应跟着变化，系统默认是关联，如图 2－40（a）所示。

如果把关联前的小框中的钩去掉，就是关闭关联，那么图案与边界不再关联，也就是填充图样不跟着填充边界变化，如图 2－40（b）所示。

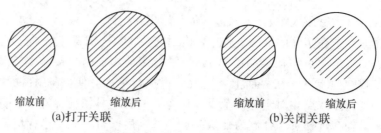

图 2-40　填充图样与边界的关联

创建独立的图案填充：对于有多个独立封闭边界的情况下，AutoCAD 可以用两种方式创建填充，一种是将几处的图案定义为一个整体，另一种是将各处图案独立定义。如图 2-41 所示，通过显示对象夹点可以看出，在未选择此项时创建的填充图案是一个整体，而选择此项时创建的是 3 个填充图案。

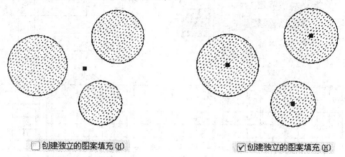

图 2-41　通过显示对象夹点查看图案是否独立

绘图次序：当填充图案发生重叠时，用此项设置来控制图案的显示层次，如图 2-42 所示的 4 个示图展现了特定设置的不同效果，当选择 不指定 时，则按照实际绘图顺序，后绘制的对象处于顶层。

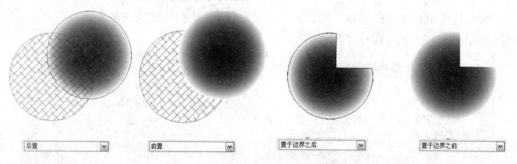

图 2-42　控制图案的显示层次

继承特性：用于将源填充图案的特性匹配到目标图案上，并且可以在继承选项里指定继承的原点。

边界集：定义以"指定内部点"方式定义边界时要分析的对象集。当使用"选择对象"定义边界时，选定的边界集无效。

默认情况下，使用"添加：拾取点"选项来定义边界时，系统将自动分析当前视口范围内的所有对象。通过重定义边界集，可以在定义边界时忽略某些对象，而不必隐藏或删除这些对象。对于大图形，重定义边界集也可以加快生成边界的速度。

当前视口 ▼ ：以当前视口范围内的所有对象作为边界集，使用
🔲 添加:拾取点 搜索边界时将计算当前视口内的所有对象。

现有集合 ▼ 🔲 新建 ：当执行新建按钮后，选择部分范围内的对象，此
处出现"现有集合"项，表示当使用 🔲 添加:拾取点 搜索边界时只搜索新建这部分
对象。

保留边界：此选项用于以临时图案填充边界创建边界对象，并将它们添加到图形
中，在对象类型栏内选择边界的类型是面域或多段线。

允许的间隙：一幅图形中有些边界区域并非是严格封闭的，接口处存在一定空隙，
而且空隙往往比较小，不易观察到，造成边界计算异常，AutoCAD 2008 考虑到这种情
况，设计了此选项，使在可控制的范围内即使边界不封闭也能够完成填充操作。

3. 操作实例

（1）执行 Hatch（H）命令。

（2）在"图案填充"页中，"类型"选择"预定义"。

（3）在"图案填充"标签页中，选择图案"HLNHER"。

（4）"角度"设为 0，"比例"设为 1。

（5）在"边界"标签页中，点击"添加：拾取点"按钮后，在要填充的厨卫间内点
击一点来选择填充区域。

预览填充结果如图 2-43 所示。

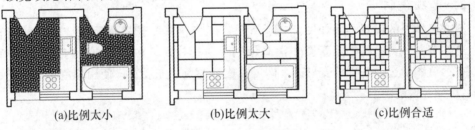

(a)比例太小　　　　　　　(b)比例太大　　　　　　　(c)比例合适

图 2-43　预览填充结果

（6）调整填充图案比例。在图 2-43 中，比例为"1"时出现（a）情况，说明比例
太小；重新设定比例为"10"，在"边界"标签页中，用鼠标再次选择填充区域，出现
（b）情况，说明比例太大；改变比例，不断重复以上步骤，当比例为"3"时，出现
（c）情况，说明此比例合适。

（7）"确定"执行填充，厨卫间填充结果如图 2-44 所示。

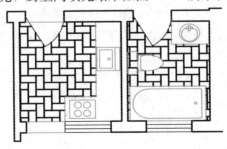

图 2-44　填充结果

4．提示

（1）图案填充极耗内存，而且会耗用很多绘图时间，有时会出现死机现象，为了提高效率，建议在绘图最后一步再加入图案填充，或将图案填充生成在一个单独图层中，冻结它后再进行后续工作。

（2）区域填充时，所选择的填充边界必须要形成封闭的区域；否则 AutoCAD 2008会提示警告信息——"你选择的区域无效"。

二、渐变色填充

渐变色填充用色彩进行填充，丰富了图形的表现力，满足更广泛用户的需求。可以进行单色渐变填充和双色渐变填充，渐变图案包括直线形渐变、圆柱形渐变、曲线渐变、球形渐变、半球形渐变及对应的反转形态渐变。

1．命令功能

下拉菜单：［绘图］→［图案填充（H）］→"渐变色"选项卡

工具栏：［图案填充］ 🔲 →"渐变色"选项卡

命令行：Bhatch/Hatch（H）→"渐变色"选项卡

菜单方式与上面一节相同，指定的填充边界内填充一定样式的图案，这里我们主要讲述渐变色填充。

2．选项说明

渐变色填充的设置界面如图 2-45 所示，渐变色样式预览显示渐变颜色的组合效果，总共有 9 种，右侧的示意图非常清楚地展现其效果。在方向一栏内调整居中和角度，在示意图中选择一种渐变形态，即可完成渐变色填充设置。使用单色状态时还可以调节着色的渐浅变化。

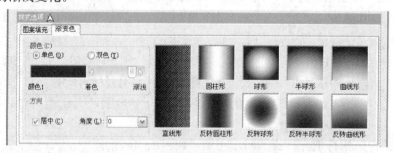

图 2-45　渐变色填充对话框

"渐变色填充"提供了在同一种颜色不同灰度间或两种颜色之间平滑过渡的填充样式，如图 2-46 所示就是双色渐变填充。

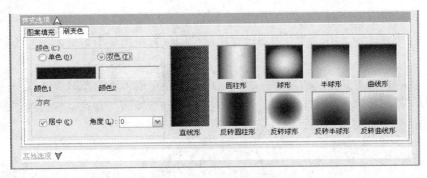

图 2-46　双色渐变填充

　　不论单色或双色，除开系统所默认的颜色外，读者也可以自己设置其他的颜色，只要点击颜色按钮，就会出现图 2-47 所示的"选择颜色"对话框，读者可以从一千六百七十多万种颜色中挑选自己看中的颜色。

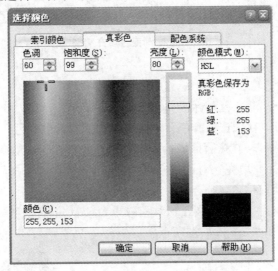

图 2-47　"选择颜色"对话框

　　方向选卡：

　　居中：设置对称的渐变色。

　　角度：设置渐变色的填充角度。

　　加上居中、角度的选项，所能得到的不同效果又大大增加了。

　　采用渐变的颜色进行填充，填充区域可呈现类似光照反射效果，使图形的表现形式得到增强，我们可采用渐变色填充创建高质量演示图片而无须渲染。而且，由于这个功能提供了更多的灵活选项，所以还可以用来为图形进行着色。

　　3. 操作实例

　　1）渐变色填充实例 1

　　(1) 画圆、五边形、三角形线框，如图 2-48 左图所示。

　　(2) 拷贝两个线框放到右边。

　　(3) 对左边第一个图采用普通方式填充，选渐变色选项卡、颜色单色、方向居中、角度 0、直线形填充类型。

（4）在边界选项卡中，点击添加，选择对象用鼠标拉出一个矩形，把左边第一个图全部选中。

（5）选预览一下，如果可以了，点击确定，得到左边第一个图的填充效果。

（6）用类似方法依次作中间和右边的图，中间选"外部"方式，右边选"忽略"方式，其余步骤相同，最后得到的效果如图 2-48 所示。

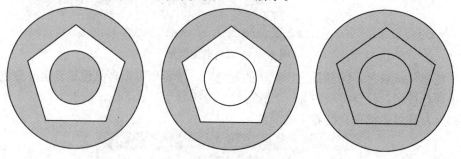

图 2-48　渐变色填充实例

2）渐变色填充实例 2

（1）绘制一棵树的轮廓，如图 2-49 左图所示。

（2）"Bhatch"→"渐变色"标签。

（3）选择"双色"，在"选择颜色"对话框中选择"索引颜色"标签，拾取绿和黄。

（4）选择"半球形"，在树冠区域拾取点，预览并右键确认。

（5）回车重新打开"填充"对话框，选择"单色"，在"选择颜色"对话框中选择"索引颜色"标签，拾取棕色。

（6）选择"反转圆柱形"，在树干区域拾取点，预览并右键确认。

填充之后的图形如图 2-49 右图所示。

图 2-49　用"渐变色填充"对图形上色

三、区域填充（Solid）

1．命令功能

点击工具栏▽图标或在命令行输入 Solid（SO），启动区域填充工具。

利用实体填充工具，将某些特定区域进行填充，可以绘制带实体颜色的矩形、三角形或四边形区域。缺省方式是指定平面实体区域的角点，当定义了平面实体区域的头两个角点后，定义其他角点时，将显示平面实体区域，定义角点采用的是三角形方式，程序会要求输入第三点然后是第四点，当继续定义角点时，第三点、第四点将交替出现，直至回车结束命令。

2．选项说明

执行 Solid 命令后，AutoCAD 2008 命令行提示"矩形（R）/正方形（S）/三角形（T）/<平面第一点>："；键入 R 后，系统继续提示"平面第一点："；键入第一点后，系统继续提示"矩形另一点："；键入矩形另一点，系统继续提示"平面的旋转角度 <0>："；键入平面的旋转角度后，矩形确定。下面分别对以上选项加以说明：

矩形（R）：键入 R 后，绘制矩形。

正方形（S）：键入 S 后，绘制正方形。

三角形（T）：键入 T 后，绘制三角形。

3．操作实例

用 Solid 命令绘制如图 2-50 所示图形，其具体操作如下：

命令：Solid（SO）

矩形（R）/正方形（S）/三角形（T）/<平面第一点>：点取 A 点

第二点：点取 B 点

平面第三点：点取 C 点

第四点：点取 D 点

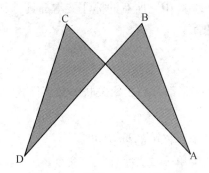

图 2-50　顺着一个方向的结果

4．提示

（1）利用设置工具栏的填充工具，可控制平面的显示为填充模式还是线框模式，利用修改工具条的分解工具，可将平面变成对应平面外框的单根线条。

（2）当系统变量 Fillmode 为 0 或 Fill 命令设置为 OFF 时，则不填充区域；当系统变量 Fillmode 为 1 或 Fill 命令设置为 ON 时，则填充区域。

（3）输入点的顺序应按左、右、左、右的方式依次输入，否则会出现"遗漏"现象，如图 2-50 所示，当然，在某些场合也需要做出这样的图形。Solid 命令是按奇数点连接奇数点、偶数点连接偶数点的规则，只要清楚这一点，就能灵活操作。

（4）当提示第三点和第四点时，如果均点击同一点，则合成一个尖点，如图 2-51 所示。

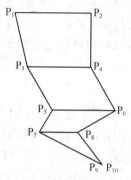

图 2-51　奇偶数分别在一边

模块六　文字

AutoCAD 2008 系统提供了多种可供定义字型的字体，包括 Windows 系统 Fonts 目录下的 *.ttf 字体和 AutoCAD 2008 的 Fonts 目录下支持低版本大字体及西文的 *.shx字体。

字型是用户根据自己需要而定义的具有字体、字符大小、倾斜度、文本方向等特性的文本样式。在 AutoCAD 2008 中，所有的标注文本都具有其特定的文本样式，字符大小由字符高度和字符宽度决定。

一、文字样式

在 AutoCAD 中，所有文字都有与之相关联的文字样式。

1. 命令输入

工具栏：单击"样式"工具栏中的 A 按钮。

菜单栏：选择"格式"菜单→"文字样式"命令。

命令行：输入 STYLE 命令。

2. 选项说明

样式：样式内列出当前系统的所有样式名，如图 2-52 所示。

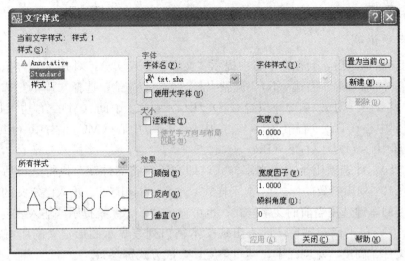

图 2-52　"文字样式"对话框

新建：用于定义一个新的字型名。单击该按钮，在弹出的"新文字样式"对话框的"样式名称"编辑框中输入要创建的新字型的名称，然后单击"确定"按钮。

字体名：该下拉列表框中列出了 Windows 系统的 TrueType（TTF）。用户可任选一种样式作为当前字型的字体样式。

大字体：选用该复选框，用户可使用亚洲语系的大字体（如汉字）定义字型。

高度：该编辑框用于设置当前字型的字符高度。

宽度因子：该编辑框用于设置字符的宽度因子，即字符宽度与高度之比。取值为 1 表示保持正常字符宽度，大于 1 表示加宽字符，小于 1 表示使字符变窄。

倾斜角度：该编辑框用于设置文本的倾斜角度。大于 0 度时，字符向右倾斜；小于 0 度时，字符向左倾斜。

反向：选择该复选框后，文本将反向显示。

颠倒：选择该复选框后，文本将颠倒显示。

垂直：选择该复选框后，字符将以垂直方式显示。

【说明】对于每种文本字型而言，其字体及文本格式都是唯一的，即所有采用该字型的文本都具有统一的字体和文本格式。如果想在一幅图形中使用不同的字体设置，则必须定义不同的文本字型。对于同一字体，可将其字符高度、宽度因子、倾斜度等文本特征设置为不同，从而定义成不同的字型。

二、单行文字

单行文字书写的对象，每一行一个整体，即使在操作过程中进行了回车，但是每一行仍旧是一个单独的对象。

1. 操作方法

工具栏：单击"文字"工具栏中的 A 按钮。

菜单栏：选择"绘图"菜单→"文字"→"单行文字"命令。

命令行：输入 TEXT 命令。

2. 选项说明

执行 Text 命令后，会在命令行中提示"文字：样式（S）/对齐（A）/拟合（F）/中心（C）/中间（M）/右边（R）/调整（J）/<起点>:"；选择"调整"选项会出现"文字：样式（S）/对齐（A）/拟合（F）/中心（C）/中间（M）/右边（R）/左中（TL）/顶部中心（TC）/右中（TR）/左中（ML）/中心（MC）/右中（MR）/左下（BL）/底部中心（BC）/右下（BR）/<起点>:"。

样式（S）：此选项用于指定文字样式，即文字字符的外观。执行选项后，系统出现提示信息"? 列出有效的样式/<文字样式> <Standard>:"。输入已定义的文字样式名称或单击回车键选用当前的文字样式；也可输入"?"，系统提示"输入要列出的文字样式<＊>:"，单击回车键后，屏幕出现文本窗口列表显示图形定义的所有文字样式名、字体文件、高度、宽度因子、倾斜角度、生成方式等参数。

拟合（F）：选用该项，标注文本在指定的文本基线的起点和终点之间保持字符高度不变，通过调整字符的宽度因子来匹配对齐。

对齐（A）：使用该方式后，标注文本在用户的文本基线的起点和终点之间保持字符宽度因子不变，通过调整字符的高度来匹配对齐。

中心（C）：使用该方式后，标注文本中点与指定点对齐。

中间（M）：使用该方式后，标注文本的文本中心和高度中心与指定点对齐。

右边（R）：选用该项，在图形中指定的点与文本基线的右端对齐。

左上（TL）：选用该项，在图形中指定的点与标注文本顶部左端点对齐。

中上（TC）：选用该项，在图形中指定的点与标注文本顶部中点对齐。

右上（TR）：选用该项，在图形中指定的点与标注文本顶部右端点对齐。

左中（ML）：选用该项，在图形中指定的点与标注文本左端中间点对齐。

正中（MC）：选用该项，在图形中指定的点与标注文本中部中心点对齐。

右中（MR）：选用该项，在图形中指定的点与标注文本右端中间点对齐。

左下（BL）：选用该项，在图形中指定的点与标注文本底部左端点对齐。

中下（BC）：选用该项，在图形中指定的点与标注文本底部中点对齐。

右下（BR）：选用该项，在图形中指定的点与标注文本底部右端点对齐。

ML、MC、MR 三种对齐方式中所指的中点均是文本大写字母高度的中点，即文本基线到文本顶端距离的中点。

对齐方式演示效果如图 2−53 所示。

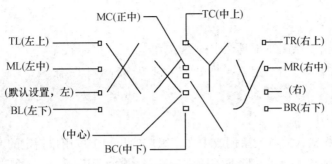

图 2-53　对齐方式效果演示

3．设置当前文字样式

若输入"S"，可以设置当前使用的文字样式，命令行显示如下提示信息："输入样式名或［?］＜Mytext＞："。可以直接输入文字样式的名称，也可输入"?"。若输入"?"，则在 AutoCAD 文本窗口中显示当前图形已有的全部文字样式。

4．使用文字控制符

在实际设计绘图中，往往需要标注一些特殊的字符，例如，在文字上方或下方添加划线、度（°）、±、φ 等符号。这些特殊字符不能从键盘上直接输入，因此 AutoCAD 提供了相应的控制符，以实现这些标注要求（如表 2-1 所示）。

表 2-1　文字控制符表

特殊字符	代码输入	说明
±	%%P	公差符号
—	%%O	上划线
—	%%U	下划线
%	%%%	百分比符号
φ	%%C	直径符号
°	%%D	角度

在 AutoCAD 的控制符中，%%O 和 %%U 分别是上划线与下划线的"开关"。第 1 次出现此符号时，打开上划线或下划线；第 2 次出现该符号时，则会关掉上划线或下划线。可同时为文字添加上划线和下划线。

用户可以使用 .shx 字体及 TrueType 等效字体的欧元符号。如果键盘不带欧元符号，可按住 ALT 键并在数字键盘上输入 0128。

在"输入文字:"提示下，输入控制符时，这些控制符临时显示在屏幕上，当结束文本创建命令时，屏幕上的这些控制符将转换成相应的特殊符号。

三、多行文字

"多行文字"又称为段落文字，是一种便于管理的文字对象，同一次命令创建的多行文字作为一个整体处理。

1. 操作方法

工具栏：单击"绘图"工具栏中的 **A** 按钮。

菜单栏：选择"绘图"菜单→"文字"→"多行文字"命令。

命令行：输入 MTEXT 命令。

2. 选项说明

Mtext 命令将输入的英文单词或中文字组成的长句子按用户指定的文本边界自动断行成段落，无须输入回车符，除非需要强行断行才输入回车换行。对于连续输入的英文字母串（即中间不含空格），必须在断行处输入"\ \"、空格或回车符，才能断行成段落，否则将生成单行长文本串。

执行 Mtext 命令，系统将提示"多行文字：字块第一点："；完成命令后出现"对齐方式（J）/旋转（R）/字型（S）/字高（H）/方向（D）/字宽（W）/<字块对角点>："；指定边界框的对角点，系统将弹出如图 2-54 所示的对话框。

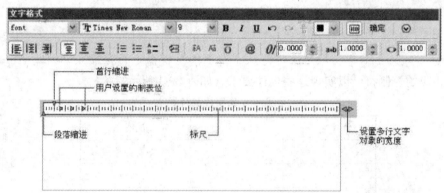

图 2-54　多行文字编辑对话框

字体：用户可以从该下拉列表框中任选一种字体作为当前标注文本的字体。

字高：设置当前字体高度。可在下拉列表框中选取，也可直接输入。

【B】【I】【U】加黑/倾斜/加下划线：三个开关按钮用于设置当前标注文本是否加黑、倾斜、加下划线，它们只对 TTF 字体有效。

撤消：该按钮用于撤消上一步操作。

（分数排列）：该按钮用于设置文本的重叠方式。只有在文本中含有"/"、"^"、"♯"三种分隔符号，且含这三种符号的文本被选定时，该按钮才被执行。

在文字输入窗口中右击鼠标，将弹出一个快捷菜单，利用它可以对多行文本进行更多的设置。

该快捷菜单中的各命令意义如下：

宽度和行距：宽度用于指定文字的宽度，行距用于控制新输入文字或选定文字的行间距。行距列表框有"至少"和"精确"两个选项供用户选择使用间距类型。

对正：选择该菜单的子命令，可以设置文字的对正方式。

查找和替换：选择该命令，将打开"查找和替换"对话框，利用该对话框可以搜索或者替换指定的字符串，用户也可设置查找的条件，例如是否全字匹配、是否区分大小写。

全选：选择该命令，可以选择文本输入窗口中所有的文字内容。

改变大小写：该命令包括大写和小写两个命令，使用它们可改变文字中字符的大小写。

自动大写：选择该命令，可以把所有新输入的文字转换成大写。该功能不影响已有的文字。

删除格式：选择该命令，可以删除文字中应用的格式，例如加粗、倾斜等。

合并段落：选择该命令，可以合并多个段落。

符号：选择该命令中的子命令，可以在标注文字时输入一些特殊的字符，例如"Ø""°"等。

输入文字：选择该命令，可以打开"选择文件"对话框，利用该对话框可以导入在其他文本编辑软件中创建的文字。

【说明】Mtext 命令与 Text 命令有所不同。Mtext 输入的多行段落文本作为一个实体，只能对其进行整体选择、编辑；Text 命令也可以输入多行文本，但每一行文本单独作为一个实体，可以分别对每一行进行选择、编辑。Mtext 命令标注的文本可以忽略字型的设置，只要用户在文本标签页中选择了某种字体，那么不管当前的字型设置采用何种字体，标注文本都将采用用户选择的字体。

输入文本的过程中，可对单个或多个字符进行不同的字体、高度、加粗、倾斜、下划线等设置，这点与字处理软件相同。其操作方法是，按住并拖动鼠标左键，选中要编辑的文本，然后再设置相应选项。

【技能训练】绘制如图 2-55 所示流程图。

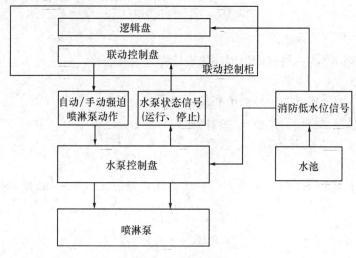

图 2-55 流程图

模块七 创建表格

表格是由矩形单元构成的矩阵，这些单元中包含注释（主要是文字，有时也有块）。如在建筑行业中，表格通常称为"清单"，它包含了设计建筑施工所需材质的相关信息；在机械制造行业中，表格又被称之为"BOM"（明细表）。表格对象可以创建用于各种用途的任意尺寸的表格，其中包括要发布的图纸集的列表或索引。

一、创建表格样式

1. 示例

通过表格命令制作图 2—56 所示的表格。

图 2—56 表格示例

2. 完成示例

首先创建表格样式，然后使用创建的表格样式绘制表格。

1）命令输入

工具栏：单击"样式"工具栏中的 ▦ 按钮。

菜单栏：选择"格式"菜单→"表格样式"命令。

命令行：输入 TABLESTYLE 命令。

2）操作步骤

(1) 输入 TABLESTYLE 命令，打开表格样式面板（如图 2—57 所示）。

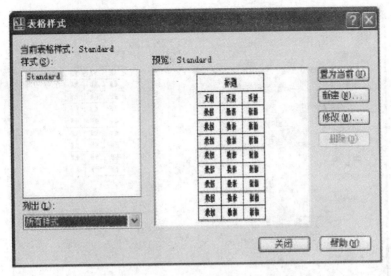

图 2-57　"表格样式"对话框

（2）在"表格样式"对话框中，单击"新建"按钮，打开"创建新的表格样式"对话框（如图 2-58 所示）。

图 2-58　"创建新的表格样式"对话框

（3）输入新的表格样式的名称，在"基础样式"下拉列表中选择一个已有表格样式，为新的表格样式提供默认设置，然后单击"继续"，打开"新建表格样式：mts"对话框（如图 2-59 所示）。

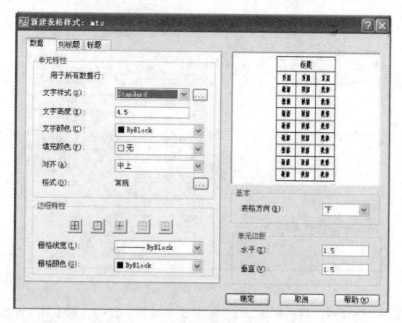

图 2—59　　"新建表格样式：mts"对话框

（4）"新建表格样式：mts"对话框分为左右两个区域，左区域包含三个选项卡，右区域包含三个选项框。

①"预览"选项。

"预览"选项提供实时显示更新设置后的效果。

②"基本"选项组。

"表格方向"下拉列表框包含"下"和"上"两个选项。"下"选项创建由上而下读取的表格，标题行和列标题行都在表格的顶部；"上"选项创建由下而上读取的表格，标题行和列标题行都在表格的底部。本例设置选项为"下"。

③"单元边距"选项组。

"单元边距"是设置单元边框和单元内容之间的水平和垂直间距。默认值是数据行中文字高度的三分之一，最大值是数据行中文字的高度。本例"数据"选项卡中设置的数据行文字高度值为"4.5"，因此单元边距默认值为"1.5"。

④"数据"选项卡（如图 2—60 所示）。

图 2-60 　"数据"选项卡

A."单元特性"选项组。

"文字样式"：在下拉列表框中选择已有的文字样式，或单击［...］按钮打开"文字样式"对话框并创建新的文字样式。

"文字高度"：输入文字的高度。此选项仅在选定的文字样式中文字高度设为 0 时适用，如果选定的文字样式指定了固定的文字高度，则此选项不可用。

"文字颜色"：用来指定单元内容文字的颜色。

"填充颜色"：设置数据单元的填充色。

"对齐"：为单元内容指定一种对齐方式。

"格式"：为表格中的"数据"设置数据类型和格式。单击"［...］"按钮打开"表格单元格式"对话框，进行设置。

B."边框特性"选项组。

"边框显示按钮"：单击按钮，可以把单元内外边框的特性应用到指定的单元中去。并且在"预览"选项中将显示更新设置后的效果。

"栅格线宽"：输入用于边框显示的线宽。如果使用加粗的线宽，必须修改单元边距才能看到文字。

"栅格颜色"：为显示的边框选择一种颜色。

本例"数据"选项卡中的参数设置详见图 2-60 所示。

单元格的实际行高＝单元格文字高度＋垂直单元边距值×2＋文字高度÷3。例如，单元格内文字高度为"4.5"，垂直间距的值为"1.5"，行高＝4.5＋1.5×2＋4.5÷3=9。

⑤"列标题"、"标题"选项卡（如图 2-61、2-62 所示）。

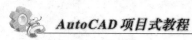

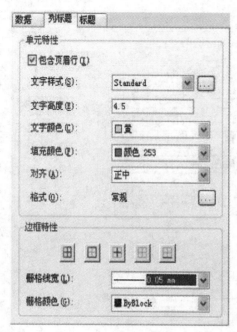
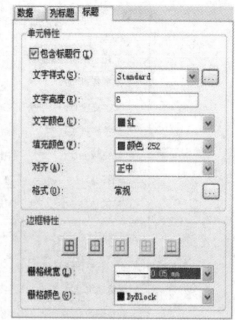

图 2-61　"列标题"选项卡　　　　　图 2-62　"标题"选项卡

如果要包含标题行或列标题行，请在"标题"选项卡或"列标题"选项卡中选中"包含标题行"复选框或"包含页眉行"复选框。选中"包含标题行"复选框时，表格的首行单元为标题行，它具有在"标题"选项卡上设置的特性。选中"包含页眉行"复选框时，每列的首行单元为列标题行，它具有在"列标题"选项卡上设置的特性。"列标题""标题"选项卡的其他参数设置方式同"数据"选项卡设置方法。

（5）单击"确定"按钮完成表格样式的设置。

二、创建表格

1. 创建表格

1）命令输入

工具栏：单击"绘图"工具栏中的▦按钮。

菜单栏：选择"绘图"菜单→"表格"命令。

命令行：输入 TABLE 命令。

2）操作步骤

（1）在命令行中输入 TABLE 命令，打开"插入表格"对话框（如图 2-63 所示），设置表格参数。

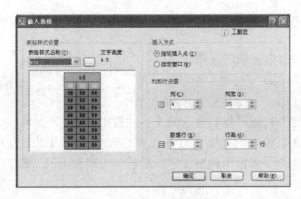

图2-63　"插入表格"对话框

①"表格样式设置"选项组：在"表格样式名称"下拉菜单中选择"mts"表格样式。

②"插入方法"选项组：插入方式有"指定表格的插入点"和"指定窗口"两种，本例选择"指定插入点"方式。

③"列和行设置"选项组：本例设置"列"为"4"列，"列宽"为"25"，数据行为"5"行，行高为"1"行。

A. 设置列数和列宽：如果使用窗口插入方法，用户不能同时设置列数和列宽。当选择"列"数后系统根据窗口尺寸的大小自动分配"列宽"，当选择"列宽"后系统根据窗口尺寸的大小自动计算出"列"数。

B. 设置行数和行高：如果使用窗口插入方法，用户只能选择行高，行数由用户指定的窗口尺寸和行高决定。

④单击"确定"，完成插入表格的参数设置。

（2）命令行提示"指定插入点："。使用鼠标指定表格插入的位置，系统插入表格，并且表格处在被编辑状态（如图2-64所示）。在单元内输入文字，单击"文字格式"面板中的"确定"按钮完成表格创建。

图2-64　编辑表格状态

（3）在表格中输入文字。

在表格单元内双击，将显示"文字格式"面板，然后开始输入文字。在单元中，使用键盘从一个单元移动到另一个单元。

① 按 TAB 键可以移动到下一个单元，在表格的最后一个单元中按 TAB 键可以添加一个新行。

② 按 Shift+TAB 组合键可以移动到前一个单元。

③ 按 Enter 键可以向下移动一个单元。

④ 按方向键可以上、下、左、右移动一个单元。

（4）单击"确定"按钮，保存输入的文字并退出。

（5）如果要修改已输入的文字，首先在要修改的单元内双击打开"文字格式"面板，然后在"文字格式"面板中调整文字，最后单击面板上的"确定"按钮保存修改的内容并退出。

3）在表格中插入块

在表格单元中不仅可以输入文字还可以插入块，操作步骤如下：

（1）选择要插入块的单元，然后单击鼠标右键在弹出的快捷菜单中选择"插入块"，打开"在表格单元中插入块"对话框（如图 2-65 所示）。

①"名称"下拉列表框。从"名称"下拉列表框中选择块，或单击"浏览"查找其他图形中的块。

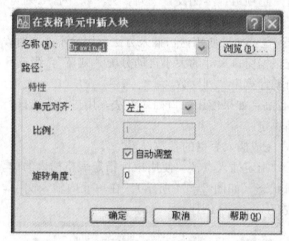

图 2-65　"在表格单元中插入块"对话框

②"特性"选项组。

A."单元对齐"选项：指定插入块在表格单元中的对齐方式。块相对于上、下单元边框居中对齐、上对齐或下对齐；相对于左、右单元边框居中对齐、左对齐或右对齐。

B."比例"选项：指定块参照的比例。输入值或选择"自动调整"缩放块以适应选定的单元。

C."旋转角度"选项：指定插入块的旋转角度。

（2）单击"确定"按钮，完成插入操作。

三、修改表格样式

在 AutoCAD 中可以对已定义的表格样式进行修改，具体操作步骤如下：

（1）在命令行中输入 TABLESTYLE 命令，打开表格样式面板。

（2）在"样式"中选择要修改的样式，单击"修改"按钮，打开"修改表格样式"对话框。

（3）修改表格特性值，方法和新建表格样式时一样。

（4）点击"确定"按钮完成对表格的整体修改。

四、修改表格特性

修改表格可以采用两种方式：夹点修改、"特性"面板修改。

1．夹点修改

选择需要调整的表格或表格单元，再单击激活夹点进行相应的修改。

1）选择表格及表格单元的方法

（1）选择整个表格。

单击网格线以选中整个表格（如图 2—66 所示）。

（2）选择一个或多个单元。

①在单元内单击，选择当前单元。

②按住 Shift 键并在另一个单元内单击可以同时选中这两个单元以及它们之间的所有单元。选中多个单元的效果如图 2—67 所示。

③按住左键拖动鼠标选择范围，然后释放鼠标，可以选中范围内的单元。

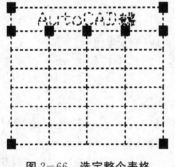
图 2—66　选定整个表格

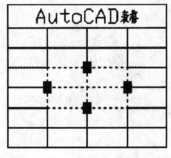
图 2—67　选定部分单元格

按 Esc 键可以取消选择。

2）使用夹点修改表格特性

（1）选中整个表格时，各夹点的功能如图 2—68 所示。

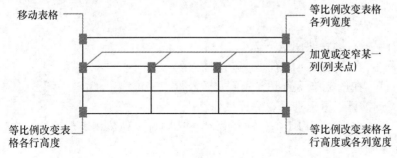
图 2—68　夹点功能

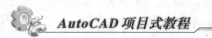

左上夹点：移动表格。

右上夹点：修改表宽并按比例修改所有列。

左下夹点：修改表高并按比例修改所有行。

右下夹点：修改表高和表宽并按比例修改行和列。

列夹点：将列的宽度修改到夹点的左侧，并加宽或缩小表格以适应此修改。

CTRL+列夹点：加宽或缩小相邻列而不改变表格的宽。

最小列宽是单个字符的宽度。

（2）选中部分单元，应用夹点修改这些单元的特性。

① 要修改选定单元的行高，请拖动顶部或底部的夹点。如果选中多个单元，每行的行高将做同样的修改。

② 要修改选定单元的列宽，请拖动左侧或右侧的夹点。如果选中多个单元，每列的列宽将做同样的修改。

③ 要合并选定的单元，请单击鼠标右键，然后单击"合并单元"。如果选择了多个行或列中的单元，可以按行或按列合并。按行：水平合并单元，方法是删除垂直网格线，并保留水平网格线不变。按列：垂直合并单元，方法是删除水平网格线，并保留垂直网格线不变。

2. "特性"面板修改表格及单元格

1）使用"特性"面板修改表格或单元格

操作步骤如下：

（1）选择所要编辑的表格或单元格。

（2）单击"工具"菜单→"特性"，打开对应的特性面板。

（3）在"特性"面板中，对表格或单元格的特性进行修改。

2）"特性"复制

将某个单元的特性复制到其他单元的步骤如下：

（1）选中被复制的单元。要查看选定的表格单元的当前特性，请按 CTRL+1 组合键打开"特性"选项面板。复制单元特性时，将复制除了单元类型之外的所有特性。

（2）单击鼠标右键，在弹出的快捷菜单中选择"匹配单元"，光标形状变为画笔。

（3）在需要复制的单元内单击鼠标左键。

（4）单击鼠标右键或按 Esc 键可以停止复制特性。

3）在表格中添加或删除列或行

（1）添加列或行。

① 选中行或列。

② 单击鼠标右键并使用以下选项之一：

"插入列"：在选定单元的右侧或左侧插入列。

"插入行"：在选定单元的上方或下方插入行。

③ 按 Esc 键可以退出选择，完成操作。

选中多行或多列使用以上方法可以添加与选中行、列数相等数量的行或列。

（2）删除列或行。

① 选中要删除的行或列。

② 单击鼠标右键并使用以下选项之一：

"删除列"：删除指定的列。

"删除行"：删除指定的行。

③ 按 Esc 键可以退出选择，完成操作。

五、输出表格

输出表格有两种方法：使用 TABLEEXPORT 命令输出、使用菜单输出。

1. 使用 TABLEEXPORT 命令

（1）输入 TABLEEXPORT 命令，命令行出现提示信息"选择表格："。

（2）选择要输出的表格，打开"输出数据"对话框（如图 2—69 所示）。

图 2—69　"输出数据"对话框

（3）选择保存文件的路径，输入文件名后，点击"保存"按钮。

表格数据以 .csv 文件格式输出，所有表格和文字格式将丢失。

2. 使用菜单输出

（1）选中要输出的表格，单击右键在弹出菜单中选择"输出"。

（2）打开"输出数据"对话框，选择保存路径，输入文件名保存。

六、插入公式

1. 插入方式

表格单元可以包含使用其他表格单元的值进行计算的公式，

选定表格单元后，可以单击鼠标右键使用快捷菜单（如图 2—70 所示）插入公式。

也可以双击单元格打开"文字格式"面板，手动输入公式。

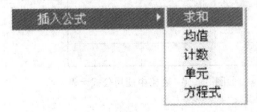

图 2—70　"插入公式"菜单

2. 使用说明

1）单元引用

（1）单个单元的引用在公式中，可以通过单元的列字母和行号引用单元。例如，表格中左上角的单元为a1。合并的单元使用左上角单元的编号。

（2）连续多个单元的引用，范围由第一个单元和最后一个单元定义，并在它们之间加一个冒号。例如求和公式"=sum（a2：c2）"中的范围a2：c2包括第1列第2行到第3列第2行3个单元格。

（3）不连续多个单元的引用，不连续的单元之间加一个逗号。例如"=sum（a2：c2，a3）"公式，对第1列第2行到第3列第2行3个单元格和第1列第3行单元格的值求和。

2）复制公式

在表格中将一个公式复制到其他单元时，范围会随之更改，以反映新的位置。例如，如果a10中的公式为"=sum（a1：a9）"，将其复制到b10时，单元的范围将发生更改，从而该公式变为"=sum（b1：b9）"。如果在复制和粘贴公式时不希望更改单元地址，请在地址的列或行处添加一个美元符号"$"。例如，如果输入$a10，则列会保持不变，但行会更改，如果输入a10，则列和行都保持不变。

3）公式中的运算符号

公式必须以等号"="开始。公式可以包含算术运算如"加号'+'、减号'−'、乘号'∗'、除号'/'、指数运算符'^'和括号'（）'"。

4）单元的数据格式

用于求和、求平均值和计数的公式将忽略空单元以及未解析为数值的单元。如果在算术表达式中的所有单元为空，或者包含非数字格式数据，则其公式将显示错误"♯"。

七、使用公式

1. 示例

插入如图2—71所示的公式进行计算。

表格单元中使用公式			
10	20	30	60
5	10	15	10.000000
10	15	20	3
			30

求和＝Sum（a$2：c$2）

求平均值＝Averags（a3：c4）

计数＝Count（a4：c4）

单元＝c2

图2—71 表格中使用公式示例

2. 完成示例

1）使用快捷菜单方式

使用快捷菜单插入公式，这里以插入"求和"公式为例进行介绍，操作步骤如下：

（1）选中 d2 单元格，单击鼠标右键选择"插入公式"→"求和"，此时命令行出现如下提示：

选择格表单元范围的第一角点：（在此范围的第一个单元 a2 内单击）。

选择格表单元范围的第二角点：（在此范围的最后一个单元 c2 内单击）。

（2）此时将打开"文字格式"工具栏并在单元中显示公式。如果需要，可以手动编辑此公式。

（3）"确定"按钮保存修改并退出，此时，此单元将显示求和值。

插入"均值""计数""单元"公式的方法与插入"求和"公式的方法相同。

2）在表格单元中手动输入公式

（1）在表格单元内双击，打开"文字格式"工具栏。

（2）在各单元格中输入公式：

① 在 d2 单元格中输入"＝sum（a2：c2）"。

② 在 d3 单元格中输入"＝average（a3：c3）"。

③ 在 d4 单元格中输入"＝count（a4：c4）"。

技 能 训 练

1. 根据图 2-72 的尺寸，写出点的相对坐标。

B 点相对于 A 点：＿＿＿＿＿＿　　　C 点相对于 B 点：＿＿＿＿＿＿

D 点相对于 C 点：＿＿＿＿＿＿　　　E 点相对于 D 点：＿＿＿＿＿＿

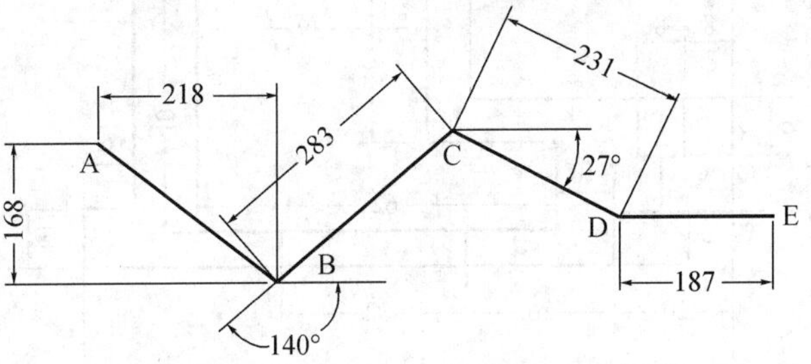

图 2-72　习题图 1

2. 用 LINE 命令从 A 点开始绘制线段，如图 2-73 所示，试在横线上填写所需的参数。

命令：_ line 指定第一点：＿＿＿＿＿＿//输入捕捉代号

基点：＿＿＿＿＿＿//输入捕捉代号

＜偏移＞：＿＿＿＿＿＿

指定下一点或 [放弃 (U)]: _____

指定下一点或 [放弃 (U)]: _____//输入捕捉代号

指定下一点或 [闭合 (C) /放弃 (U)]: 　　　　　　　　//按 Enter 键结束

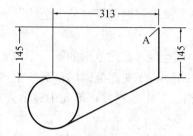

图 2-73　习题图 2

3.　绘制如下图形。

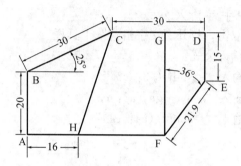

图 2-74　习题图 3

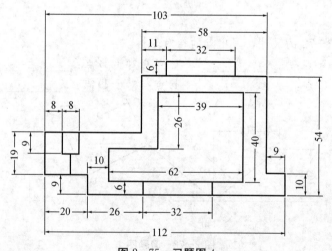

图 2-75　习题图 4

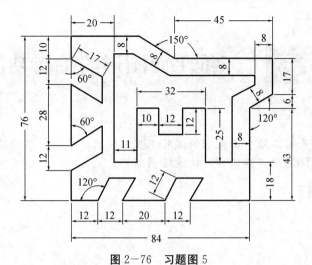

图 2—76 习题图 5

任务三　二维平面图形的编辑功能

【学习目标】

通过学习各种基本二维平面图形的编辑工具的使用，掌握图形的编辑方法，并能够合理分析图形，灵活运用编辑工具，快速绘制图形。

【基础知识点】

● 复制工具
● 镜像工具
● 偏移工具
● 阵列工具
● 移动工具
● 旋转工具
● 缩放工具
● 拉伸工具
● 拉长工具
● 修剪工具
● 延伸工具
● 打断工具
● 合并工具
● 倒角工具
● 圆角工具
● 分解工具

【任务设置】

完成如图3-1所示二维平面图形的绘制。

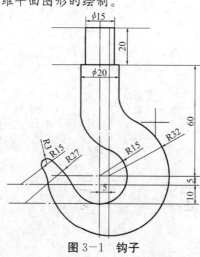

图3-1　钩子

模块一 对象的选择方式

CAD的各种编辑工作均需要选择合适的对象，在提供的多种选择模式中，可以根据不同的需求，采用不同方式进行选择，实现快速达到效果。对部分操作，不同的选择模式，操作结果可能不同，如何灵活快速选择对象是制图的关键。

在编辑功能中，需要选择操作对象。当调用编辑命令后，在命令窗口会提示选择操作对象，根据要求，选择完操作对象后，按回车即可进入下一步继续进行操作。如果选择过程中存在误选情况，在选择至少一个实体后，可以从选择设置中移除实体。

AutoCAD提供了两种集中选择方式，当命令提示需要选择对象时（例如删除或改变实体性质），最常用的是拉矩形窗口，从左到右确定的矩形是 W 窗口（内部窗口），而从右到左确定的矩形是 C 窗口（交叉窗口），鼠标点击的方向决定了创建窗口的类型。

一、直接单击选择对象

在工作界面中，直接单击操作对象，即可选中对象，对象以虚线表示，并在图形上以夹点高亮显示。夹点的位置取决于实体选择的类型。夹点出现在直线的端点和中点、圆的1/4点和圆心、弧的端点、中点和圆心点，如图 3-2 所示。

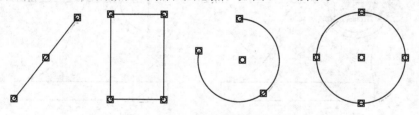

图 3-2 夹点在不同实体的位置

当选择了一个或多个实体后，可以从修改菜单或工具栏中选择一个实体修改命令，也可以右击鼠标从弹出的包含适合所选对象的实体修改命令的快捷菜单中选择命令。

二、创建内部窗口选择对象

从左侧向右侧选择，出现蓝色矩形选区，即可按照如下两种方式操作：
（1）点击选择图 3-3（a）中点 A，然后点击 D 点。
（2）点击选择图 3-3（a）中点 B，然后点击 C 点。

选择结果如图 3-3（b）所示，全部包含在选择矩形框之内的图形被选中，部分包含在选区中的不能选中。

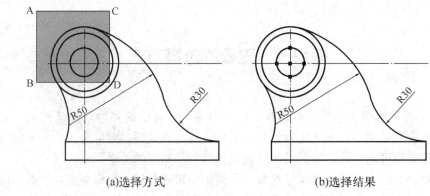

(a)选择方式　　　　　　　　　　(b)选择结果

图 3-3　创建内部窗口

三、创建交叉窗口选择对象

从右侧向左侧选择，出现绿色矩形选区，即可按照如下两种方式操作：

（1）点击选择图 3-4（a）中点 C，然后点击 B 点。

（2）点击选择图 3-4（a）中点 D，然后点击 A 点。

选择结果如图 3-4（b）所示，交叉窗口不仅有窗口内的物体，还包括所有与窗口边界相交的物体，这是选择效率最高的选择方式。

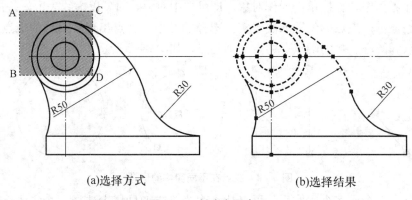

(a)选择方式　　　　　　　　　　(b)选择结果

图 3-4　创建交叉窗口

四、窗口多边形选择实体

（1）激活一实体修改命令。

（2）在提示栏中选择窗口多边形。

（3）确定多边形的顶点，如图 3-5（a）所示。

（4）回车完成窗口多边形选择。

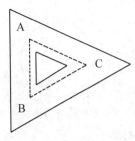

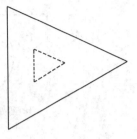

(a)确定了多边形顶点的多边形窗口　　　　　　(b)选择结果

图 3—5　窗口多边形选择

五、围栏选择实体

（1）激活一实体修改命令。

（2）在提示框中选择围栏。

（3）确定围栏分段的端点，如图 3—6（a）所示。

（4）回车完成围栏选择。

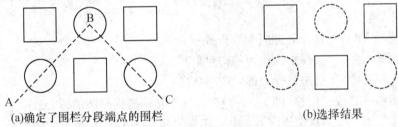

(a)确定了围栏分段端点的围栏　　　　　　　　(b)选择结果

图 3—6　围栏选择

模块二　编辑命令

　　二维图形编辑一般包括删除、移动、旋转、复制、偏移、镜像、阵列、比例缩放、修剪、延伸、圆角、倒角等。编辑操作与绘图操作调用方法相似，可以通过"修改"菜单栏、"修改"工具栏、在命令窗口直接输入相应修改命令三种方式实现。

图 3—7　"修改"工具栏

一、移动命令

1. 示例

可以通过移动命令将图 3—8（a）所示的图形调整成图 3—8（b）所示的图形。

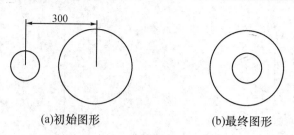

(a)初始图形　　　　　(b)最终图形

图 3-8　**移动对象**

2. 命令功能

将选中的图形对象移到指定位置。

3. 命令输入

工具栏：单击"修改"工具栏中的✥按钮。

菜单栏：选择"修改"菜单→"移动"子菜单。

命令行：输入 MOVE 命令。

4. 完成示例

操作步骤：

首先调用 MOVE 命令，此时命令行提示如下：

（1）选择对象：（选择小圆作为移动对象）。

（2）选择对象：（单击鼠标右键，结束选择）。

（3）指定基点或［位移（D）］<位移>：（用光标捕捉小圆的圆心）。

（4）指定第二个点或<使用第一个点作为位移>：（用光标捕捉大圆圆心）。

在上述第（4）步，也可以直接输入位移（@300，0）。

【提示】基点的选择很重要，基点一般选在圆的圆心，直线的端点或中点，矩形的端点等，以实际操作需要的参考点为准。

二、旋转命令

1. 示例

通过旋转命令将图 3-9（a）所示的图形调整成图 3-9（b）所示的图形。

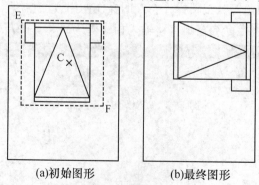

(a)初始图形　　　　　(b)最终图形

图 3-9　**旋转对象**

2. 命令功能

将选中的图形对象绕基点按指定角度旋转。

3. 命令输入

工具栏：单击"修改"工具栏中的↻按钮。

菜单栏：选择"修改"菜单→"旋转"子菜单。

命令行：输入 ROTATE 命令。

4. 操作实例

用 ROTATE 命令将图 3-9（a）所示床和床头柜以点 C 为旋转基点，旋转-90°，得到图 3-8（b）所示图形。操作如下：

命令：ROTATE	执行 ROTATE 命令
选择旋转对象：点选点 E	指定窗选对象的第一点
另一角点：点选点 F	指定窗选对象的第二点
选择集中的对象：8	提示已选择对象数
选择旋转对象：	回车结束对象选择
旋转点：点选点 C	指定旋转点
基准角度/<旋转角度>：-90	指定旋转角度
命令：	回车结束命令

【说明】对象相对于基点的旋转角度有正负之分，当键入正角度时，对象将沿逆时针方向旋转，反之则沿顺时针方向旋转。旋转基点的选择与图样的具体情况有关，但是指定基点最好采用目标捕捉方式。

三、复制命令

1. 案例分析

绘制如图 3-10 所示图形时，对于里面存在的相同形状，可以只绘制其中一个，其余的利用复制命令快速完成，提高制图速度。

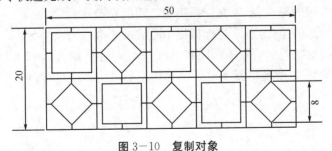

图 3-10　复制对象

2. 命令功能

把选中的图形对象复制一份或多份，放置到指定位置。

3. 命令输入

工具栏：单击"修改"工具栏中的⊙∂按钮。

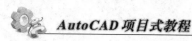

菜单栏：选择"修改"菜单→"复制"子菜单。

命令行：输入 COPY 命令。

4．操作步骤

调用 COPY 命令，此时命令行提示如下：

（1）选择对象：（选中需要复制的对象）。

（2）选择对象：（回车）。

（3）指定基点或［位移（D)］＜位移＞：（选择容易找到的捕捉点）。

（4）指定第二个点或＜使用第一个点作为位移＞：（放到合适位置）。

四、镜像命令

1．案例分析

绘制如图 3-11（a）所示手柄图形，由于图形是对称图形，可以绘制完上半部分，下半部分利用镜像操作完成，提高绘图速度。

2．命令功能

绕指定轴翻转对象创建对称的镜像图像。

3．命令输入

工具栏：单击"修改"工具栏中的　按钮。

菜单栏：选择"修改"菜单→"镜像"子菜单。

命令行：输入 MIRROR 命令。

4．操作步骤

先绘制部分图形，达到如图 3-11（b）所示效果。

调用 MIRROR 命令，此时命令行提示如下：

（1）选择对象：（选择需要镜像的对象）。

（2）选择对象：（回车）。

（3）指定镜像线的第一点：（光标捕捉中心线的左端点）。

（4）指定镜像线的第二点：（光标捕捉中心线的右端点）。

（5）要删除源对象吗？［是（Y）/否（N)］＜N＞：［输入"N"，生成图3-11（a）所示图形；输入"Y"，则是将图3-11（b）中图形沿中心线进行翻转］。

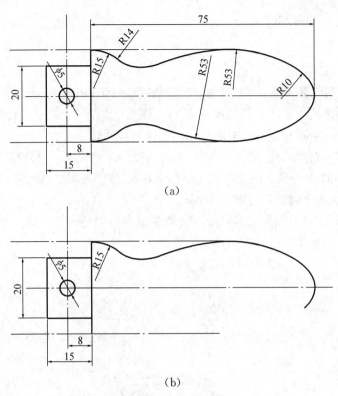

（a）

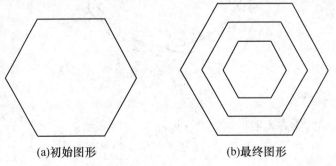

（b）

图 3-11　手柄

五、偏移命令

1. 示例

通过偏移命令将图 3-12（a）所示的图形制成图 3-12（b）所示的图形。

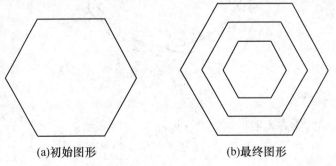

（a）初始图形　　　　　（b）最终图形

图 3-12　偏移对象

2. 命令功能

用于创建造型与选定对象造型平行的新对象，如同心圆、平行线和平行曲线等。

3. 命令输入

工具栏：单击"修改"工具栏中的 按钮。

菜单栏：选择"修改"菜单→"偏移"子菜单。

命令行：输入 OFFSET 命令。

4. 操作步骤

命令：OFFSET

当前设置：删除源＝否　图层＝源　OFFSETGAPTYPE＝0

指定偏移距离或 ［通过（T）/删除（E）/图层（L）］＜16＞：（可以输入距离值，或者直接在绘图区域通过鼠标点去两点，决定偏移距离）。

选择要偏移的对象，或 ［退出（E）/放弃（U）］＜退出＞：（必须是整体对象）。

指定要偏移的那一侧上的点，或 ［退出（E）/多个（M）/放弃（U）］＜退出＞：（如果需要偏移出多个对象，可以输入 M）。

【说明】偏移的对象如果是多边形，则该多边形必须是一个整体，如用多段线画的图形；若不是一个整体，则不能偏移。

六、阵列命令

1. 案例分析

在绘制如图 3-13 所示图形时，绘制的对象具有一定规律，需要使用阵列命令来完成图形绘制。

图 3-13　钟表图形

2. 命令功能

形成圆形与矩阵型阵列图形的效果，如图 3-14 所示。

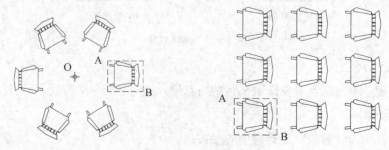

图 3-14　阵列图形

3. 命令输入

工具栏：单击"修改"工具栏中的品按钮。

菜单栏：选择"修改"菜单→"阵列"子菜单。

命令行：输入 ARRAY 命令。

4. 操作方法

阵列命令的操作是通过与用户交互的对话框来完成，具体如下：

1）矩形阵列

操作步骤：

（1）调用 ARRAY 命令，弹出"阵列"对话框。

（2）选择"矩形阵列"选项（如图 3—15 所示）。

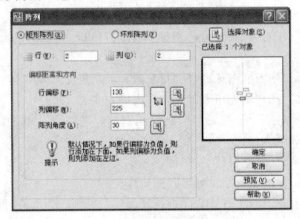

图 3—15 矩形阵列参数设置

（3）在"行"和"列"后面输入要阵列的最终结果的行数与列数。

（4）"行偏移"和"列偏移"文本框内输入行偏移量 130 和列偏移量 225。若偏移量为正，则阵列的对象向右、向上；若偏移量为负，则阵列的对象向左、向下。

（5）"阵列角度"文本框内输入 30。

（6）点击"选择对象"按钮，切换到绘图窗口，选择圆，单击鼠标右键，结束选择，返回"阵列"对话框。

（7）单击"确定"按钮，结束矩形阵列操作。

阵列角度为负值时，沿顺时针方向阵列复制。

在第（7）步之前，先单击"预览"按钮，可以切换到绘图窗口先预览阵列后的效果。若不满意可单击"修改"按钮，返回"阵列"对话框进行修改；满意则单击"接受"按钮。

2）环形阵列

操作步骤：

（1）调用 ARRAY 命令，弹出"阵列"对话框。

（2）选中"环形阵列"单选按钮（如图 3—16 所示）。

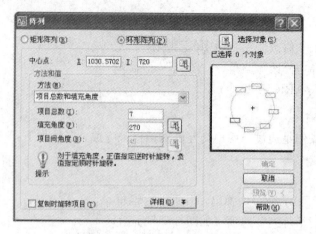

图 3-16　环形阵列参数设置

（3）点击"拾取中心点"按钮，切换到绘图窗口，捕捉圆心后返回"阵列"对话框。

（4）"方法"下拉列表框内选择"项目总数和填充角度"。

（5）"项目总数"和"填充角度"文本框内输入 6 和 360。

（6）点击"选择对象"按钮，切换到绘图窗口，选择圆，单击鼠标右键，结束选择，返回"阵列"对话框。

（7）选中"复制时旋转项目"复选框。

（8）单击"确定"按钮，结束环形阵列操作。

填充角度为正值时，沿逆时针方向进行环形阵列复制；为负值时，沿顺时针方向进行环形阵列复制。

5．具体分析

（1）先绘制表的基本结构圆，并在圆的正上方绘制表盘的一部分，结果如图 3-17（a）所示。

（2）依次阵列表盘中绕圆心旋转的部分，通过环形阵列形成表盘。

（3）先注明"12"数字的位置，依次阵列，找到表盘数字的合适位置，再单独进行修改，形成圆形表盘数字结果。

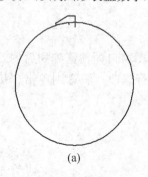
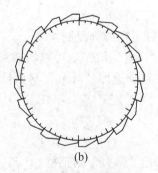
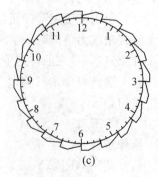

　　　　(a)　　　　　　　　　　　(b)　　　　　　　　　　　(c)

图 3-17　阵列对象

（4）利用样条曲线工具绘制时针、分针、秒针，形成最终效果图（如图 3-13 所示）。

七、比例缩放命令

1. 案例分析

在绘制如图 3-18 所示飞机模型时，飞机的上部分需要缩短，即可根据实际需求在原图上直接缩小一半即可。

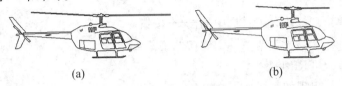

(a)　　　　　　　　　　　(b)

图 3-18　用 Scale 命令缩小图形

2. 操作方法

工具栏：单击［修改］工具栏中的缩放按钮 ▢ 。

下拉菜单：选择"修改"菜单→"缩放"子菜单。

命令行：命入 SCALE（SC）命令。

其中，执行 SCALE 命令后，AutoCAD 2008 提示选择比例对象，接着继续提示"基点："，指定基点，基点选择相对的不动点；继续提示"基准比例（B）/<比例因子（S）>："。

比例因子（S）：直接键入比例因子大小。

3. 操作实例

通过缩放命令完成上述飞机的绘制，具体操作如下：

命令：_ SCALE

选择对象：指定对角点：找到 2 个

选择对象：指定对角点：找到 2 个，总计 4 个

选择对象：（回车结束）

指定基点：（选择中间位置）

指定比例因子或［复制（C）/参照（R）］<1>：0.5

【提示】

(1) 当 SCALE 大于 1 时，放大对象；当大于 0 小于 1 时，缩小对象。

(2) 选择基点最好指定在对象的几何中心或对象的特殊点上，可用目标捕捉的方式来指定。

(3) SCALE 命令与夹点功能都可以对对象进行缩放操作。

(4) SCALE 命令与 ZOOM 命令有区别，前者可改变实体的尺寸大小，后者只是缩放显示实体，并不改变实体的尺寸值。

八、修剪命令

1. 案例分析

在绘制图形过程中，经常会多画出一部分，然后通过修剪来精确地确定图形的交界处。如绘制如图 3-11 所示图形过程中，需要绘制圆，然后修剪形成圆弧。

2. 操作方法

工具栏：单击"修改"工具栏中的 —／—-- 按钮。

菜单栏：选择"修改"菜单→"修剪"子菜单。

命令行：输入 TRIM 命令。

调用命令后，出现如下操作：

命令：_TRIM

当前设置：投影＝UCS，边＝延伸

选择剪切边...

选择对象或 ＜全部选择＞：找到 1 个

选择对象：找到 1 个，总计 2 个

选择对象：（选择完成后，回车结束）

选择要修剪的对象，或按住 Shift 键选择要延伸的对象，或［栏选（F）/窗交（C）/投影（P）/边（E）/删除（R）/放弃（U）］：（选择被修剪的对象即可）。

栏选（F）：该选项以围栏选择实体方式选取对象修剪。

投影（P）：确定命令执行的投影空间。键入"P"，执行该选项后，系统提示"投影（P）：无（N）/用户坐标系（U）/视图（V）＜UCS＞："。

边（E）：该选项用来确定修剪边的方式。键入"E"，系统提示："延伸（E）/不延伸（N）＜不延伸（N）＞："。

3. 操作实例

用 TRIM 将图 3-19（a）所示的矩形内的直线剪掉，结果如图 3-19（b）所示。

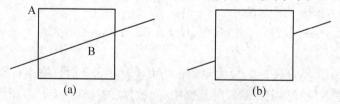

（a）　　　　　　　　　　　（b）

图 3-19　用 TRIM 命令将直线部分剪掉

操作如下：

命令：_TRIM

当前设置：投影＝UCS，边＝延伸

选择剪切边...

选择对象或 ＜全部选择＞：找到 1 个（选择矩形边框）

选择对象：（直接回车结束选择）

选择要修剪的对象，或按住 Shift 键选择要延伸的对象，或〔栏选（F）/窗交（C）/投影（P）/边（E）/删除（R）/放弃（U）〕：（选择在矩形中间区域的直线）。

【提示】为了避免对剪切边与被修剪对象认识的混淆，可以在第一次选择剪切边时直接回车，选择默认值<全部选择>，将所有的边作为剪切边，然后依次单击被修剪的对象即可。

九、延伸命令

修剪命令是用一条线段打断另一条线段（从交点的位置），相反，延伸则是把一条线段延伸到与另一条线段相交的地方。

1. 命令功能

延伸对象，使它们精确地延伸至由其他对象定义的边界，如图 3−20 所示。

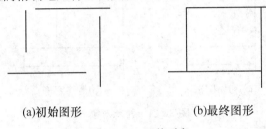

(a)初始图形   (b)最终图形

图 3−20　延伸对象

2. 操作方法

工具栏：单击"修改"工具栏中的--/按钮。

菜单栏：选择"修改"菜单→"延伸"子菜单。

命令行：输入 EXTEND 命令。

3. 实例分析

操作步骤与修剪命令类似，调用 EXTEND 命令，此时命令行提示如下：

当前设置：投影=UCS，边=无

选择边界的边...

选择对象或<全部选择>：（直接回车，全部选择）。

选择要延伸的对象，或按住 Shift 键选择要修剪的对象，或〔栏选（F）/窗交（C）/投影（P）/边（E）/删除（R）/放弃（U）〕：（输入"e"，重新设置边延伸模式）。

输入隐含边延伸模式〔延伸（E）/不延伸（N）〕<不延伸>：（输入"e"，设置边延伸模式为延伸）。

选择要延伸的对象，或按住 Shift 键选择要修剪的对象，或〔栏选（F）/窗交（C）/投影（P）/边（E）/删除（R）/放弃（U）〕：（光标依次点击要延伸对象的延伸端）。

选择要延伸的对象，或按住 Shift 键选择要修剪的对象，或〔栏选（F）/窗交（C）/投影（P）/边（E）/删除（R）/放弃（U）〕：〔单击鼠标右键，确认，生成图

3-20（b）］。

【提示】延伸直线过程中，单击直线的位置不同，直线的延伸方向不同，但永远向鼠标单击的方向延伸直线。

十、拉长命令

1．命令功能

拉长是进行长度的增加，而延伸是把指定直线段拉长至其他对象定义的边界线上。延伸命令需要有边界，需将对象延伸到指定的边界处；在没有边界的情况下，不能操作。拉长命令可以在没有边界的情况下拉长指定的长度。例如图 3-21 所示，可以直接将矩形的一个边长拉长 5 mm 的指定值。

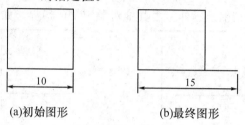

(a)初始图形　　　　(b)最终图形

图 3-21　拉长对象

2．操作方法

菜单栏：选择"修改"菜单→"拉长"子菜单。

命令行：输入 LENGTHEN 命令。

3．具体操作方法介绍

1）增量方式

以指定的增量修改对象的长度或角度，该增量从距离选择点最近的端点处开始测量。正值扩展对象，负值修剪对象。

操作步骤：

调用 LENGTHEN 命令，此时命令行提示如下：

（1）选择对象或［增量（DE）/百分数（P）/全部（T）/动态（DY）］：（输入"de"，↙）。

（2）输入长度增量或［角度（A）］<0.0000>：（输入"a"，↙）。

（3）输入角度增量<90>：（输入"90"，↙）。

（4）选择要修改的对象或［放弃（U）］：（光标点击圆弧上端）。

（5）选择要修改的对象或［放弃（U）］：（单击鼠标右键，确认，结束命令）。

2）全部方式

通过指定从固定端点测量的总长度（或总角度）的绝对值来设置选定对象的长度。

操作步骤：

调用 LENGTHEN 命令，此时命令行提示如下：

（1）选择对象或［增量（DE）/百分数（P）/全部（T）/动态（DY）］：（输入

"t", ✔)。

(2) 指定总长度或［角度（A）］<1.0000)>：（输入"a"，✔)。

(3) 指定总角度<180>：（输入"180"，✔)。

(4)、(5) 同增量方式的（4）、@（5）。

3）百分数方式

通过指定对象总长度的百分数，设置对象长度。

操作步骤：

调用 LENGTHEN 命令，此时命令行提示如下：

(1) 选择对象或［增量（DE）/百分数（P）/全部（T）/动态（DY）］：（输入"p"，✔)。

(2) 输入长度百分数<200.0000>：（输入"200"，✔)。

(3)、(4) 同增量方式的（4）、(5)。

4）动态方式

通过动态拖动选定对象的端点之一来改变其长度。其他端点保持不变。

操作步骤：

调用 LENGTHEN 命令，此时命令行提示如下：

(1) 选择对象或［增量（DE）/百分数（P）/全部（T）/动态（DY）］：（输入"dy"，✔)。

(2) 选择要修改的对象或［放弃（U）］：（光标点击圆弧上端）。

(3) 指定新端点：（光标点击直径右端点）。

(4) 选择要修改的对象或［放弃（U）］：（单击鼠标右键，确认，结束命令）。

【说明】拉长命令不能对封闭的图形进行操作，如果是矩形需要拉长，则需要将其四个边打散为直线。

十一、拉伸命令

1. 功能

拉伸与拉长、延伸不同，可以通过交叉窗口的方式抓住物体的一部分，沿任意方向、角度对图形进行变换，如图 3-22 所示。如果操作中选择全部对象，则将移动整个图形。

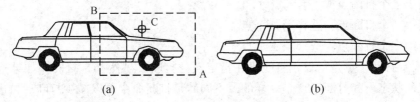

图 3-22 用 Stretch 命令将汽车水平拉长成加长汽车

2. 操作方法

工具栏：单击"修改"工具栏中的按钮。

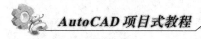

菜单栏：选择"修改"菜单→"拉伸"子菜单。

命令行：输入 STRETCH 命令。

3. 实例分析

操作步骤：

调用 STRETCH 命令，此时命令行提示如下：

（1）以交叉窗口或交叉多边形选择要拉伸的对象…

选择对象：（单击 A，然后单击 B 点，选择物体）。

（2）选择对象：（回车结束选择）。

（3）指定基点或［位移（D）］＜位移＞：（选中 B 点，也可以是其他点作为基准点）。

（4）指定第二个点或＜使用第一个点作为位移＞：（光标从 B 点向右引出 0°极轴线，车身变长）。

十二、打断命令

1. 命令功能

打断是指将线段打断，由两点隔开，两点间部分会删除。可对直线、圆弧、圆、多段线、椭圆、射线以及样条曲线等进行断开和删除某一部分的操作。

2. 操作方法

工具栏：单击"修改"工具栏中的口或口按钮（口是打断于一点，打断后的两个对象之间没有间隙；口是打断于两点，打断后的两个对象之间具有间隙）。

菜单栏：选择"修改"菜单→"打断"子菜单。

命令行：输入 BREAK 命令。

执行 BREAK 命令后，会提示选择对象，可以用点选的方式选择操作对象，系统接着提示"第一切断点（F）/＜第二切断点（S）＞:"；键入"F"，拾取第一切断点，系统接着提示"第二切断点:"；拾取第二切断点。如果不输入"F"，则认为选择对象时点的点即为选择的第一切断点。

3. 实例分析

命令：_ break 选择对象：

指定第二个打断点或［第一点（F）］: f

指定第一个打断点：选择第一个点

指定第二个打断点：选择第二个点

【说明】打断于点是指仅仅将线段在指定点处打断。虽然都是打断，如果选用打断命令，默认状态下和打断于点是一样的。不同的是打断命令可以减少打断后再进行修剪延伸等命令，一条变两条，但是选择部分会被修剪掉；而打断于点就是纯打断，一条变两条。

十三、合并命令

1. 命令功能

将在一个方向上的两条直线合并成一条直线，或者将同圆心、同半径的两个圆弧合并成一个圆弧。

2. 操作方法

工具栏：单击"修改"工具栏中的➡◀按钮。

菜单栏：选择"修改"菜单→"合并"子菜单。

命令行：输入 JOIN 命令。

3. 实例分析

要求：连接两个圆弧，如图 3-23 所示。

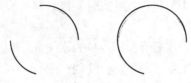

图 3-23 **圆弧连接**

操作步骤：

命令：JOIN 选择源对象：（选中右上方圆弧）

选择圆弧，以合并到源或进行 ［闭合（L）］：（选中左下方圆弧）

选择要合并到源的圆弧： 找到 1 个

已将 1 个圆弧合并到源

【说明】

(1) 合并两条或多条圆弧（或椭圆弧）时，将从源对象开始沿逆时针方向合并圆弧（或椭圆弧）。

(2) 当选择源对象为圆弧时，合并到源的对象只能是圆弧，并且圆弧对象必须位于同一假想的圆上，但是它们之间可以有间隙。

(3) 当选择源对象为直线时，合并到源的对象只能是直线，并且直线对象必须位于同一无限长直线上，但是它们之间可以有间隙。

(4) 当选择源对象为多段线时，合并到源的对象只能是直线、圆弧或多段线，并且它们之间不能有间隙。

(5) 当选择源对象为样条曲线时，合并到源的对象只能是样条曲线或螺旋，并且它们之间不能有间隙。

十四、圆角命令

1. 命令功能

用一段指定半径的圆弧光滑地连接两个对象，如图 3-24 所示。它可以处理的对象有直线、多段线（非圆弧）、样条曲线、构造线、射线等，但是圆、椭圆等不能倒圆角。

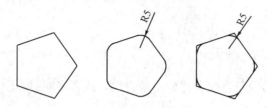

图 3-24　圆角结果

2．操作方法

工具栏：单击"修改"工具栏中的⌐按钮。

菜单栏：选择"修改"菜单→"圆角"子菜单。

命令行：输入 FILLET 命令。

3．实例分析

(1) 当倒圆角后，之前的线段不再需要时，选择修剪模式，具体操作如下：

命令：FILLET

当前设置：模式 = 修剪，半径 = 0.0000

选择第一个对象或［放弃（U）/多段线（P）/半径（R）/修剪（T）/多个（M）］：R

指定圆角半径 <0.0000>：5（修改半径）

选择第一个对象或［放弃（U）/多段线（P）/半径（R）/修剪（T）/多个（M）］：P

选择二维多段线：（选择五边形）

5 条直线已被圆角。

(2) 当倒圆角后，需要保留原图形时，选择不修剪模式，具体操作如下：

命令：FILLET

当前设置：模式 = 修剪，半径 = 5.0000

选择第一个对象或［放弃（U）/多段线（P）/半径（R）/修剪（T）/多个（M）］：T

输入修剪模式选项［修剪（T）/不修剪（N）］<修剪>：N

选择第一个对象或［放弃（U）/多段线（P）/半径（R）/修剪（T）/多个（M）］：P

选择二维多段线：（选择五边形）

5 条直线已被圆角。

十五、倒角命令

1．命令功能

用一条斜线连接两个非平行的对象。可用于倒角的对象有直线、多段线、构造线和射线等。具体倒角的结果参数可用下面两种方法确定：

(1) 距离法：由第一倒角距离和第二倒角距离确定。

（2）角度法：由第一直线的倒角距离和倒角的角度确定。

2. 操作方法

下拉菜单：［修改］→［倒角］

工具栏：单击［修改］工具栏的［倒角］按钮。

命令行：Chamfer

执行命令后，命令行提示：（"不修剪"模式）当前倒角距离 1 = 0.0000，距离 2 = 0.0000

选择第一条直线或［放弃（U）/多段线（P）/距离（D）/角度（A）/修剪（T）/方式（E）/多个（M）］：

选项说明：

（1）多段线（P）：在二维多段线的直线边之间倒角，当线段长于倒角距离时，则不作倒角。

（2）距离（D）：设置倒角距离。

（3）角度（A）：用角度法确定倒角参数。后续提示为："指定第一条直线的倒角长度：指定第一条直线的倒角角度："。

（4）修剪（T）：选择修剪模式，后续提示为"输入修剪模式选项［修剪（T）/不修剪（N）］"。如改为不修剪（N），则倒角时将保留原线段，即不修剪，也不延伸。

（5）方法（M）：选定倒角的方法，选择距离或角度方法，后续提示为："输入修剪方法［距离（D）/角度（A）］"。

（6）多个（U）：选择此项可连续为多个线段倒角，最后用回车确认退出。

【说明】

（1）在倒角距离为零时将使两边相交。

（2）本命令也可以对三维实体的棱边倒角。

（3）当倒棱角的两条直线具有相同的图层、线形和颜色时，创建的棱角边也相同；否则，创建的棱角边将用当前图层、线形和颜色。

3. 操作实例

用 Chamfer 命令将图 3−25（a）所示的用多段线绘制的四边形倒角，结果如图 3−25（b）所示。

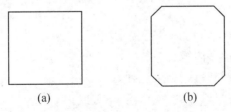

(a)　　　　　　　(b)

图 3−25　用 Chamfer 命令绘制图形

操作如下：

命令：Chamfer

切角（距离 1 = 10，距离 2 = 10）：设置（S）/多段线（P）/<选取第一个对

象＞：p

选取切角的二维多段线：（点选矩形图样）。

显示倒角结果。

【操作技巧】圆角用来对两条有夹角的直线按一定的半径倒出一个光滑的圆弧，倒角则是倒出一个与原两直线成一定角度的过渡线，以满足工件的工艺要求。而延伸或剪切是使直线（或其他对象）延伸到某一对象或剪切掉多余的对象长度。两者似乎没什么联系，然而在某些特定的场合，用倒圆角的方式（倒角也一样）来代替延伸或剪切会更快捷。

如想通过编辑四条不封闭的直线来组成一个四边形，直接的方法当然是用延伸和剪切命令（其实加上 Shift 键，两个命令可相互替代）。但我们可以用倒圆角的命令，在输入倒圆角命令（CHAMFER）后，将圆角半径 R 改为 0，再分别选择四个顶点对应的直线就能完成编辑，得到所需的四边形，比用延伸和剪切要明了快捷。多段线、圆弧等在某些特定的场合都可用倒圆角（倒角）的方法来快速完成延伸或剪切。

十六、分解命令

1. 命令功能

分解多段线、多线、标注、图案填充或块参照等合成对象，将其转换为单个的元素，如图 3-26 所示。

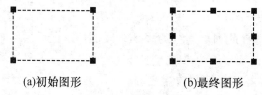

(a)初始图形　　　　　　(b)最终图形

图 3-26　**分解对象**

2. 操作方法

工具栏：单击"修改"工具栏中的　　　按钮。

菜单栏：选择"修改"菜单→"分解"子菜单。

命令行：输入 EXPLODE 命令。

3. 操作步骤

调用 EXPLODE 命令，此时命令行提示如下：

选择对象：（选中矩形多段线）。

选择对象：（单击鼠标右键，结束选择）。

矩形被分解为四条直线段。

模块三　快速编辑对象

在 AutoCAD 中，除了使用编辑工具编辑图形对象之外，还可以通过夹点和对象特性对图形进行修改，而且简单、快速。

一、利用夹点修改对象

1. 夹点介绍

在 AutoCAD 中，没有调用命令的情况下，直接单击对象，在对象的关键点上出现蓝色四方蓝点，称之为夹点。单击夹点本身，如图 3-27（b）所示，夹点变为红色，此时可对对象进行快速编辑操作。

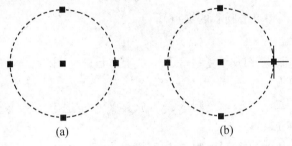

(a)　　　　　　(b)

图 3-27　夹点选择

2. 实际操作

如图 3-28 所示图形，是在正六边形的每个边的两端放置了相同大小的圆。在操作过程中，可以不启用编辑中的复制命令，按照如下步骤完成：

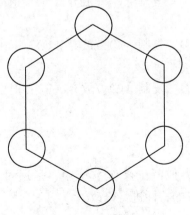

图 3-28　夹点复制操作结果

（1）绘制正六边形与其中一个圆。

（2）选中圆，选择合适夹点，夹点的选择不同，所能进行的操作也不同。例如对于圆来说，选中圆心的夹点可以进行移动、复制等操作，选中圆上的任一个夹点，可以进行放大、缩小、复制同心圆等操作。因此，此处应该选择圆心的夹点。

（3）按照图 3－29 所示，依次单击六个端点即可。命令窗口操作结果如下：

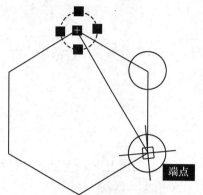

图 3－29　端点操作

命令：（选择圆，并单击圆心的夹点）

＊＊拉伸＊＊

指定拉伸点或［基点（B）/复制（C）/放弃（U）/退出（X）］：c

＊＊拉伸（多重）＊＊

指定拉伸点或［基点（B）/复制（C）/放弃（U）/退出（X）］：

＊＊拉伸（多重）＊＊

指定拉伸点或［基点（B）/复制（C）/放弃（U）/退出（X）］：

＊＊拉伸（多重）＊＊

指定拉伸点或［基点（B）/复制（C）/放弃（U）/退出（X）］：

＊＊拉伸（多重）＊＊

指定拉伸点或［基点（B）/复制（C）/放弃（U）/退出（X）］：

＊＊拉伸（多重）＊＊

指定拉伸点或［基点（B）/复制（C）/放弃（U）/退出（X）］：

＊＊拉伸（多重）＊＊

指定拉伸点或［基点（B）/复制（C）/放弃（U）/退出（X）］：＊取消＊（操作完成）

二、利用对象特性编辑对象

与电脑中的基本操作类似，在操作系统中，是通过属性修改相应的文件，在 AutoCAD 中，则是通过对象的特性进行修改。

1．特性介绍

在软件中，绘制的每个对象都具有基本特性和专用特性。

（1）基本特性：适用于多数对象。例如图层、颜色、线型和打印样式。多数基本特性可以通过图层指定给对象，也可以直接指定给对象。

（2）专用特性：专用于某个对象的特性。例如，圆的特性包括半径和面积，直线的特性包括长度、角度、起始点坐标，文字和尺寸标注的内容、文字高度等。

2．特性对话框调用方法

（1）选择菜单栏中"修改"→"特性"进行操作。

（2）单击主工具栏上的 按钮进行操作。

（3）右键单击对象，直接选择特性选项。

3．对象特性对话框

该对话框为所选择的对象属性，在选择对象后，每个具体的特性值均可以单击特性里面的相应位置进行修改，如图 3-30 所示。

图层：显示或设置图层。

厚度：显示或设置厚度。

线型：显示或设置线型。

颜色：显示或设置颜色。

对象线型比例：显示或设置线型比例。

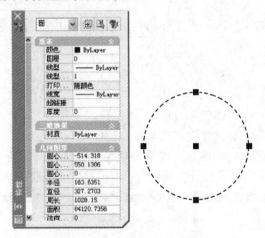

图 3-30　对象特性对话框

模块四　实例解析

一、任务解析，绘制钩子

【要求】完成如图 3-31 所示图形的绘制。

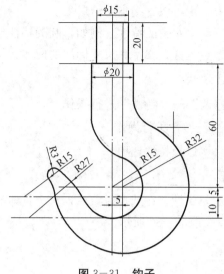

图 3—31　钩子

【分析】本实例涵盖知识点：图层设置、分图层绘制不同性质的图形、直线与圆的绘制、倒角与修剪命令。本图形是由直线与圆弧组成的图形，有些对象要依靠辅助线求出。

创建本图形需要绘制虚线、尺寸标注、粗实线、辅助线等几类对象，应为它们分别设置相应的图层。

【绘制步骤】

1. 创建并设置图层

（1）单击"格式"→"图层"，打开"图层样式管理器"。

（2）新建图层，分别为尺寸线、粗实线、辅助线、中心线。

（3）为各图层设置相应的线宽、线型、颜色（如图 3—32 所示），辅助线图层为虚线（ACAD_IS002W100），中心线图层为点划线（CENTER）。

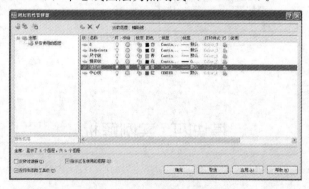

图 3—32　"钩子"的图层

2. 绘制中心线

（1）将"中心线"图层设置为当前图层。

（2）绘制两条垂直相交的中心线。

（3）绘制其余两条中心线，如图 3-33 所示。

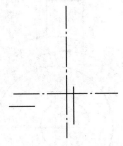

图 3-33 绘制中心线

3. 绘制已知线段

（1）将"粗实线"图层设为当前图层。

（2）调用"直线"命令，绘制顶部直线，其中顶部直线的竖直方向可以多画。

（3）调用"圆"命令，分别以 O、P 为圆心，以 15、32 为半径，绘制圆弧所在圆"圆 O""圆 P"，如图 3-34 所示。

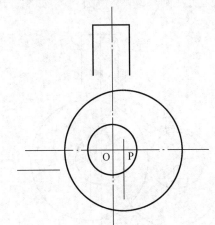

图 3-34 绘制顶部与中心圆

4. 求出未知线段

（1）将"辅助线"图层设为当前图层。

（2）调用"圆"命令，分别以 O、P 为圆心，以 42、47 为半径绘制圆，与两条水平中心线相交于 M 和 N 点（如图 3-35 所示）。

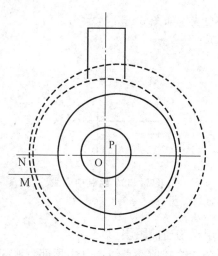

图 3-35　求出未知圆心

（3）将"粗实线"图层设为当前图层。调用"圆"命令，分别以 M、N 为圆心，以 27、15 为半径，绘制圆弧所在圆"圆 M""圆 N"，如图 3-36 所示。

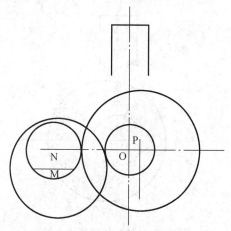

图 3-36　绘制未知圆

5. 绘制连接线段

（1）利用修剪命令修剪多余线段。

（2）利用"相切半径"的方法绘制剩余的连接圆弧。

（3）使用"修剪"命令，修剪多余的线段，得到最终图形。

二、图形绘制解析

【要求】绘制图 3-37 所示的图形。

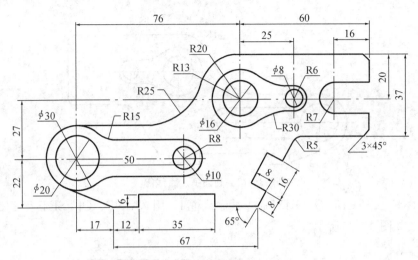

图 3-37 直线及圆弧构成的图形

【绘制步骤】

（1）打开极轴追踪、对象捕捉及捕捉追踪功能。设置极轴追踪角度增量为 90°，设定对象捕捉方式为端点、交点，设置仅沿正交方向进行捕捉追踪。

（2）用 LINE、OFFSET 及 LENGTHEN 命令绘制圆的定位线，然后画圆，如图 3-38 所示。

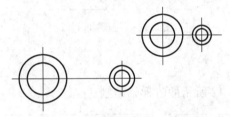

图 3-38 画圆的定位线及圆

画圆弧 A、B 及直线 C、D 等，再修剪多余线条，如图 3-39 所示。

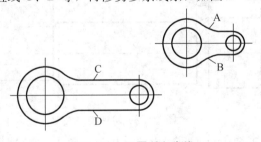

图 3-39 画圆弧和直线

用 LINE 命令画直线 E、F 等，再用 CIRCLE、TRIM 命令形成圆弧 G、H，然后倒圆角和斜角，如图 3-40 所示。

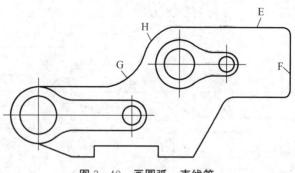

图 3-40　画圆弧、直线等

用 LINE、CIRCLE 及 TRIM 命令绘制线框 I，用 XLINE、OFFSET 及 TRIM 命令画线框 J，如图 3-41 所示。

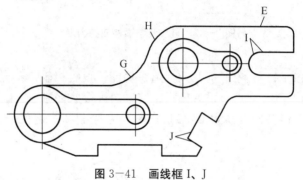

图 3-41　画线框 I、J

三、绘制阶梯轴

【要求】完成如图 3-42 所示的阶梯轴绘制。

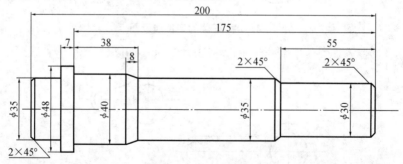

图 3-42　阶梯轴

【分析】本实例涵盖知识点：图层设置、极轴追踪与对象捕捉追踪、修剪、打断、倒角、拉伸。本图形是轴对称图形，可以先绘制上半部，再用"镜像"命令绘制下半部。线条主要由水平线和垂直线构成，可以先绘制水平基准线和垂直基准线各一条，再偏移、修剪。

【绘制步骤】

1. 设置图层

（1）新建图层——粗实线、中心线、尺寸线等图层。

（2）为各图层设置相应的线宽、线型、颜色。

2. 绘制中心线

（1）将"中心线"图层设置为当前图层。

（2）绘制一根长度为 210 的中心线。

3. 绘制水平线

（1）将"粗实线"图层设置为当前图层。

（2）单击状态栏上的"线宽"按钮，隐藏线宽。

（3）输入 LINE 命令，画水平线 AB。使用对象捕捉追踪方法，自中心线左端点向右追踪 5，输入 A 点；使用极轴追踪方法向右追踪 200，输入 B 点。

（4）使用偏移命令，将水平线 AB 分别向上偏移 15、17.5、20、24，绘制出上半部的所有水平线。

4. 绘制垂直线

（1）输入 LINE 命令，连接上、下两根水平线的右端点，绘制出最右侧的垂直线 BG。

（2）使用偏移命令，将垂直线 BG 分别向左偏移 55、175、200。

（3）使用偏移命令，将 CD（第 2 步绘制产生）向左偏移 7、向右偏移 38。

（4）使用偏移命令，将 EF（第 3 步绘制产生）向右偏移 8，从而完成上半部所有垂直线的绘制，如图 3-43 所示。

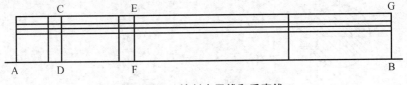

图 3-43　绘制水平线和垂直线

5. 修剪与删除多余线段

（1）删除 AB。

（2）使用修剪命令，修剪后产生的图形如图 3-44 所示。

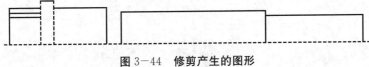

图 3-44　修剪产生的图形

（3）删除多余线段。

6. 制作倒角

（1）使用 LINE 命令，连接中间的线段，产生中间的倒角。

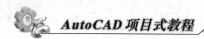

（2）使用倒角命令，倒出三个 2×45°的倒角。

7. 镜像

使用镜像命令，生成下半部图形，结果如图 3-45 所示。

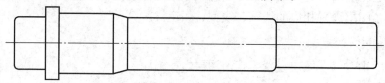

图 3-45　镜像产生的图形

8. 完善图形

补上缺少的线段，完成图形。

技 能 训 练

绘制如图 3-46～3-49 所示的图形。

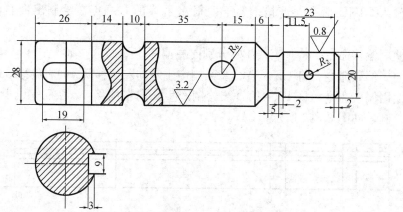

图 3-46　轴

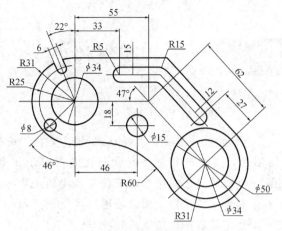

图 3-47　训练图形 1

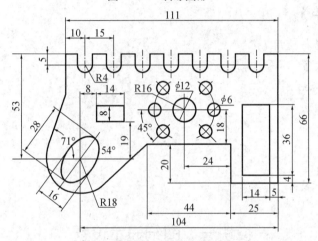

图 3-48　训练图形 2

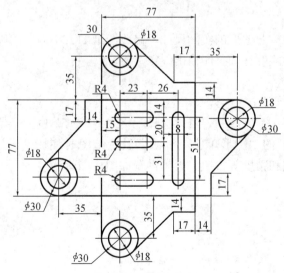

图 3-49　训练图形 3

图纸设置

【学习目标】

AutoCAD 作为一个通用的软件工具，其默认工作环境难以满足所有人的需要，用户在使用 AutoCAD 绘图时，首先进行一系列初始化绘图环境工作，主要包括设定图幅、选单位和设置图层、线型、颜色、字体以及设定必要的尺寸标注变量等。以上大部分设置在每次绘制新图时都要重复操作，因此绘图速度较慢。本部分主要学习如何根据需要，设置制图模板，快速完成图形的环境设置。

【基础知识点】

● 图层的设置与使用
● 图纸显示设置
● 模板创建方法
● 模板使用方法

【任务设置】

创建模板文件。

模块一　图纸显示设置

绘图之前，需要按照图形的实际尺寸，修改图纸的大小与绘图区域，并进行单位的初始设置，保证图形能够正确打印输出。

一、设置绘图单位

在中文版 AutoCAD 2008 中，可以选择"格式"→"单位"子菜单或在命令行输入 UNITS 命令，在打开的"图形单位"对话框设置绘图时使用的长度单位、角度单位，以及单位的显示格式和精度等参数。具体设置如图 4-1 所示。

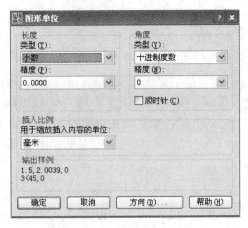

图 4-1 设置图形单位

二、设置绘图区域

1. 图纸与图框规范

图纸分为横向与纵向两类，具体结构如图 4-2 所示。

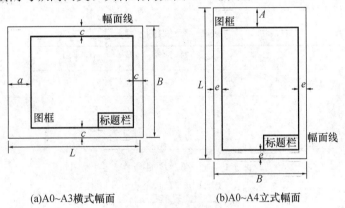

(a)A0~A3横式幅面　　　　(b)A0~A4立式幅面

图 4-2 图框的规格

不同幅面的纸张，对边框的具体要求如表 4-1 所示。

表 4-1 图纸规格

单位：mm

幅面代号	A0	A1	A2	A3（系统默认纸张）	A4
宽度 B ×长度 L	841×1189	594×841	420×594	297×420	210×297
c		10			5
a			25		
e		20		10	

2. 设置绘图区域

使用 LIMITS 命令可以在模型空间中设置一个想象的矩形绘图区域（对应为图纸

幅面），也称为图限。在中文版 AutoCAD 中，可以选择"格式"菜单→"图形界限"，或在命令行输入 LIMITS 来设置图形界限。

在世界坐标系下，图形界限由一对二维点确定，即左下角点和右上角点。在调用 LIMITS 命令时，命令提示行将显示如下提示信息：

指定左下角点或［开（ON）/关（OFF）］<0.0000，0.0000>：（输入"0，0"，回车）；［选项中如果选择"开（ON）"，则只能在指定的图纸范围内绘图］

指定右上角点 <420.0000，297.0000>：（输入坐标值，回车）

3. 绘制图纸边框

在 AutoCAD 的制图环境中，设定了绘图区域，在制图过程中不能看到具体区域，为了方便，使用矩形工具绘制与图形界限大小相同的矩形即可。

4. 图纸比例设定

所有设计室出的图纸都要配备图纸封皮、图纸说明、图纸目录。图纸封皮须注明工程名称、图纸类别（施工图、竣工图、方案图）、制图日期。图纸说明须对工程进一步说明工程概况、工程名称、建设单位、施工单位、设计单位或建筑设计单位等。每张图纸须注明图名、图号、比例、时间。打印图纸根据需要，按比例出图，常用纸张比例见表 4-2。

表 4-2　图纸比例

种　类		比　例
常用比例	原值比例	$1:1$
	放大比例	$2:1$　$5:1$ $2\times10n:1$　$5\times10n:1$　$1\times10n:1$
	缩小比例	$1:2$　$1:5$　$1:10$ $1:2\times10n$　$1:5\times10n$　$1:1\times10n$
可用比例	放大比例	$2.5:1$　$4:1$ $2.5\times10n:1$　$4\times10n:1$
	缩小比例	$1:1.5$　$1:2.5$　$1:3$　$1:4$　$1:6$ $1:1.5\times10n$　$1:2.5\times10n$　$1:3\times10n$ $1:4\times10n$　$1:6\times10n$

【说明】在 AutoCAD 中，用户可以采用 1∶1 的比例因子绘图，因此，所有的直线、圆和其他对象都可以以真实大小来绘制。例如，如果一个零件长 200 cm，那么可以按 200 cm 的真实大小来绘制，在需要打印出图时，再将图形进行缩放出图。

模块二　图层设置

在 AutoCAD 2008 中，所有图形对象都具有图层、颜色、线型和线宽 4 个基本属性。可以使用不同的图层、颜色、线型和线宽绘制不同的对象元素，可以方便地控制对象的显示和编辑，提高绘制复杂图形的效率和准确性。

一、图层设置

1. 图层的概念与功用

在 AutoCAD 中，图形通常包含多个图层，它们就像一张张透明的图纸重叠在一起。

在机械、建筑等工程制图中，图形中主要包括基准线、轮廓线、虚线、剖面线、尺寸标注以及文字说明等元素。如果用图层来管理，不仅能使图形的各种信息清晰有序，便于观察，而且也会给图形的编辑、修改和输出带来方便。

操作方法：选择"格式"→"图层"命令，打开"图层特性管理器"对话框（如图4-3 所示）。在"过滤器树"列表中显示了当前图形中所有使用的图层、组过滤器，在图层列表中显示了图层的详细信息。

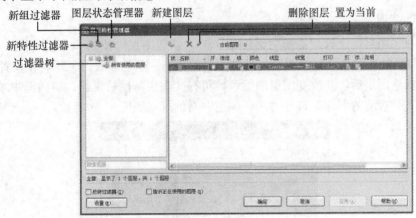

图 4-3　"图层特性管理器"对话框

2. 线型设定标准

为了能够清晰地表达机械零件的形状，通常需要为图形的不同部分设置不同的线型和线宽。常用的线型有粗实线、细实线、虚线、点画线、双点划线、波浪线等。线宽一般分粗细两种，如果设粗线的宽度为 d，那么细线的宽度就设置为 $d/2$。不同的线型、线宽的具体运用不同：

粗实线：通常用于可见轮廓线、过渡线等。

细实线：通常用于尺寸线与尺寸界线、剖面线、辅助线、折弯线等。

虚线：通常用于不可见过渡线、不可见轮廓线等。

点画线：通常用于轴线、对称中心线、轨迹线、节圆及节线等。

双点划线：通常用于中断线、极限位置的轮廓线、相邻辅助零件的轮廓线、坯料的轮廓线等。

波浪线：通常用于断裂处的边界、视图和剖视的分界线。

为了给修改和打印带来方便，一般创建如表 4-3 所示的几种图层。

表 4-3　图层设置

图层名称	颜色	线型	线宽
粗实线层	白色	Continuous（连续的）	0.5mm
细实线层	青色	Continuous（连续的）	0.25mm
中心线层	红色	Center（中心点）	0.25mm
虚线层	洋红	Dashed（虚线）	0.25mm
尺寸线层	蓝色	Continuous（连续的）	0.25mm
双点划线层	绿色	Phantom（虚幻的）	0.25mm
注释文字层	白色	Continuous（连续的）	0.25mm
辅助线层	白色	Continuous（连续的）	0.25mm

【说明】除了虚线、中心线、双点划线图层之外，其他图层的线型一般都要选用连续线型。

3. 创建图层

（1）在"图层特性管理器"对话框中单击"新建图层"按钮，可以创建一个名称为"图层 1"的新图层，且该图层与当前图层的状态、颜色、线性、线宽等设置相同。

（2）新建图层后，要改变图层的颜色，可在"图层特性管理器"对话框中单击图层的"颜色"列对应的图标，打开"选择颜色"对话框（如图 4-4 所示）。

图 4-4　"选择颜色"对话框

（3）选择线型。在 AutoCAD 中既有简单线型，也有由一些特殊符号组成的复杂线型，以满足不同国家或行业标准的使用要求，如图 4-5 所示。

图 4-5 线型选择

按照图层的标准，完成图层的设置。

二、设置图层特性

使用图层绘制图形时，新对象的各种特性将默认为随层，由所在图层设置决定。也可以单独设置对象的特性，新设置的特性将覆盖原来随层的特性。在"图层特性管理器"对话框中，每个图层都包含状态、名称、打开/关闭、冻结/解冻、锁定/解锁、线型、颜色、线宽和打印样式等特性，如图 4-6 所示。

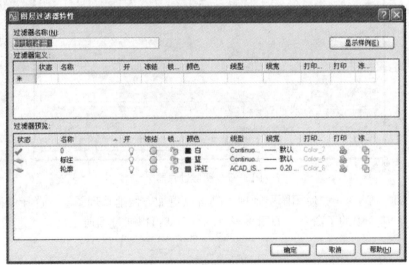

图 4-6 图层特性管理

在"图层特性管理器"对话框的图层列表中，选择某一图层后，单击"当前图层"按钮，即可将该层设置为当前层。各项功能如下：

状态：指示项目的类型有图层过滤器、正在使用的图层、空图层或当前图层等类型。

名称：显示图层或过滤器的名称。按 F2 键输入新名称。

开：打开和关闭选定图层。当图层打开时，图层可见并且可以打印。当图层关闭时，图层不可见，并且即使已打开"打印"选项也不能打印。

冻结：在所有视口中冻结选定的图层。当图层被冻结时，图层上的对象不可见且不参与运算。可以冻结图层来提高缩放、平移和其他若干操作的运行速度，提高对象选择性能并减少复杂图形的重生成时间。

锁定：锁定和选定图层。无法修改锁定图层上的对象。

颜色：更改与选定图层关联的颜色。单击颜色名可以显示"选择颜色"对话框。

线型：更改与选定图层关联的线型。单击线型名称可以显示"选择线型"对话框。

线宽：更改与选定图层关联的线宽。单击线宽名称可以显示"线宽"对话框。

在 AutoCAD 2008 中，还可以通过"新组过滤器"过滤图层。在"图层特性管理器"对话框中单击"新组过滤器"按钮，并在对话框左侧过滤器树列表中添加一个"组过滤器 1"（也可以根据需要命名组过滤器）。在过滤器树中单击"所有使用的图层"显示对应的图层信息（如图 4-7 所示），然后将需要分组过滤的图层拖动到创建的"组过滤器 1"上即可。

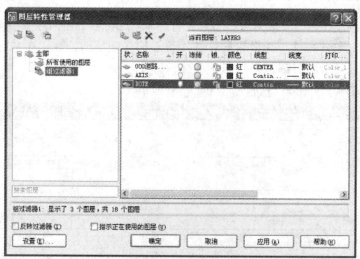

图 4-7　图层过滤器

在 AutoCAD 2008 中使用图层管理工具可以更加方便地管理图层。选择"格式"→"图层工具"命令中的子命令（如图 4-8 所示），就可以通过图层工具来管理图层。

图 4-8　图层管理工具

模块三　创建模板文件

一、模板文件创建方法

模板文件以"∗.dwt"的形式保存，在默认情况下，CAD软件在安装过程中已经创建好了一些模板文件，但是在实际应用中，不同的用户往往需要根据自己的需求来创建模板，具体的创建步骤如下：

1）创建新图形

选择"文件"→"新建"，或者输入 NEW 命令，弹出"创建新图形"对话框。

图 4-9　"创建新图形"对话框

2）设置图形单位

选择"格式"→"单位"，或者输入 UNITS 命令，弹出"图形单位"对话框，进

125

行长度和角度的单位类型和精度设置。

3）设置图形界限

选择"格式"→"图形界限"命令，或者输入 LIMITS 命令，将图形界限设置到合适的范围，如 A4 图纸的幅面为 297 mm×210 mm。

4）设定图层

选择"格式"→"图层"命令，或者输入 LAYER 命令，在打开的"图形特性管理器"对话框中，按照机械、建筑或其他不同专业的特点新建图层，并设置每个图层的颜色、线型、线宽。

5）设定文字样式

选择"格式"→"文字样式"命令，或者输入 STYLE 命令，在打开的"文字样式"对话框中设置文字样式。

6）绘制标题栏

按照国家标准对图幅的要求，绘制图框、输入标题栏及设计单位标识。

7）保存模板文件

选择"文件"→"保存"命令，或者输入 QSAVE 命令，弹出"图形另存为"对话框，在"文件类型"下拉列表框中选择"AutoCAD 图形样板（＊.dwt）"，将文件保存为样板图格式，输入文件名，自动被放在 AutoCAD 2008 的 Template 子目录中，如图 4-10 所示。

图 4-10　"图形另存为"对话框

二、调用样板图

选择"文件"→"新建"命令，或者输入 NEW 命令，弹出"创建新图形"对话框。单击"使用样板"按钮，在"选择样板"列表框中，就可以看到系统中自带的样板图，以及用户自己创建的模板文件，从中选择自己需要的，就可以使用。

技 能 训 练

按照如下过程创建 CAD 图形模板。

1. 定义图形界限。

选择格式→图形界限，在绘图平面选择"栅格"按钮，屏幕上出现栅格点。输入 0，✓，输入 210，297✓。

2. 定义图层。

选择格式→图层→新建。

图层	颜色	线型	线宽
0 层	白色	Continuous	0.3 mm
尺寸线层	绿色	Continuous	0.2 mm
剖面线层	青色	Continuous	0.2 mm
文字层	黄色	Continuous	0.2 mm
细实线层	紫色	Continuous	0.2 mm
虚线层	蓝色	Dashed	0.2 mm
中心层	红色	Center	0.2 mm

3. 定义文字样式。

选择格式→文字样式。

样式名	字体名	高度	宽度比例
standard	txt. shx	5	1
样式 1	仿宋 GB2312	5	0.666
样式 2	仿宋 GB2312	2.6	0.666

4. 定义标注样式。

选择格式→标注样式（ISO−25 默认）。

设置要求：

直线和箭头：颜色——随块；线宽——随块；基线间距——3.75；超出尺寸界线——1.25；箭头——2.5。

文字样式：standard；文字高度——5；垂直——上方；水平——置中；从尺寸线偏移——1；高度对齐——水平。

主单位：单位格式——小数；精度——0.000；小数分隔符——句点；消零——后续。

5. 按尺寸绘图纸外边框线及装订线。

（1）点击图层工具栏，选择"细实线层"为当前层，以（0，0）为起点绘矩形，发出绘制矩形命令后输入如下信息：0，0↙，210，297↙。

（2）按尺寸要求绘制装订栏信息及装订线，注意输入的文字信息要变换到文字层中。

6. 按尺寸要求绘制边框线（属0层）。

7. 按尺寸要求绘制标题栏。

（1）外标题栏框属0层，内面的线属细实线层。

（2）输入文字（属文字层）。选择绘图→文字→多行文字，把屏幕上的捕捉开关打开，选择要输入文字的两个对角点，出现"多行文字编辑器"对话框，进行如下设置：样式——样式1；对正——正中；字符：仿宋——2.6。然后输入文字信息。

8. 输入带属性的块。

（1）绘图→块→定义属性，依次将所有要素定义完成。

（2）定义块。绘图→块→创建，完成块定义。

9. 使用图形模板绘制如下图形。

（1）分图层绘制如图4—11所示图形。

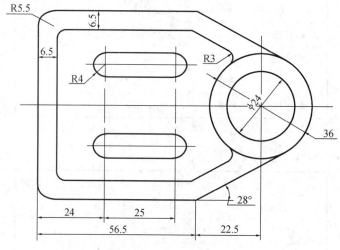

图 4—11 **习题图** 1

（2）绘制如图4—12所示图形。

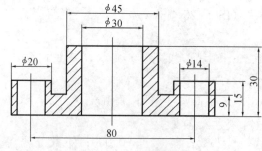

图 4—12 **习题图** 2

任务五　块与外部参照

【学习目标】

图块可以帮助制图人员更好地组织工作。本部分主要学习如何快速创建与修改图形，进而减少图形文件的大小以及如何创建一个自己经常要使用的符号库，以图块的形式插入一个符号。

【基础知识点】

● 内部块的创建方法
● 外部块的创建方法
● 定义属性块
● 块的使用

【任务设置】

创建如图5-1所示多属性表格块。

图5-1　表格块

模块一　图块的创建与编辑

绘图时，图形中往往存在大量相同或相似的内容，例如建筑图中的门、窗，电路图中的电阻、电容等均为需要重复绘制的图形。若将这些图形创建成块，在需要时直接插入，不仅提高了绘图效率，还节省了大量存储空间，而且便于图形的统一修改。创建图块并保存，根据制图需要在不同地方插入一个或多个图块，系统插入的仅仅是一个图块定义的多个引用，这样会大大减小绘图文件大小，同时只要修改图块的定义，图形中所有的图块引用体都会自动更新。

一、创建内部块

1．特性

内部图块只能在定义图块的图形中调用，而不能在其他图形中调用，因此被称为内部块。

2．操作方法

工具栏：单击"绘图"工具栏中的 ▄ 按钮。

菜单栏：选择"绘图"菜单→"块"→"创建…"。

命令行：输入 BLOCK 命令。

3．选项说明

执行 BLOCK 命令后，弹出"块定义"对话框用于图块的定义，如图 5-2 所示。

图 5-2　"块定义"对话框

该对话框各选项功能如下：

（1）名称：用于输入图块名称，下拉列表框中还列出了图形中已经定义过的图块名。

（2）基点：用于指定图块的插入基点。用户可以通过"拾取点"按钮或输入坐标值确定图块插入基点。

①拾取点：单击该按钮，"块定义"对话框暂时消失，此时需用户使用鼠标在图形屏幕上拾取所需点作为图块插入基点，拾取基点结束后，返回到"块定义"对话框，X、Y、Z 文本框中将显示该基点的 X、Y、Z 坐标值。

②X、Y、Z：在该区域的 X、Y、Z 编辑框中分别输入所需基点的相应坐标值，以确定出图块插入基点的位置。

（3）对象：用于确定图块的组成元素。其中各选项功能如下：

①选择对象：单击该按钮，"块定义"对话框暂时消失，此时用户需在图形屏幕上用任一目标选取方式选取块的组成实体，实体选取结束后，返回对话框。

②保留：点选此单选项后，所选取的实体生成块后仍保持原状，即在图形中以原来的独立实体形式保留。

③转换为块：点选此单选项后，所选取的实体生成块后在原图形中也转变成块，即在原图形中所选实体将具有整体性，不能用普通命令对其组成目标进行编辑。

④删除：点选此单选项后，所选取的实体生成块后将在图形中消失。

4．操作实例

用 BLOCK 命令将如图 5-3 所示床定义为内部块。其操作步骤如下：

命令：BLOCK　　　　　　　　　　　　执行 BLOCK 命令

在块定义对话框中输入块的名称：大床

新块插入点：（点床的左下角）　　　　新块插入点

选取写块对象：（点床的右下角）　　　指定窗口右下角点

另一角点：（点床的左上角）　　　　　指定窗口左上角点

选择集中的对象：16　　　　　　　　　提示已选中对象数

选取写块对象：回车　　　　　　　　　返回"块定义"对话框，点击"确定"
　　　　　　　　　　　　　　　　　　完成定义内部块操作

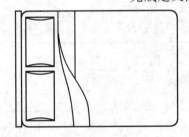

图 5-3　床的图形

【提示】

（1）为了使图块在插入当前图形时能够准确定位，给图块指定一个插入基点，以它作为参考点将图块插入到图形中的指定位置，同时，如果图块在插入时需旋转角度，该基点将作为旋转轴心。

（2）当用 Erase 命令删除了图形中插入的图块后，其块定义依然存在，因为它储存在图形文件内部，就算图形中没有调用它，它依然占用磁盘空间，并且随时可以在图形中调用。可用 Purge 命令中的"块"选项清除图形文件中无用的、多余的块定义以减小文件的字节。

二、创建外部图块

1．特性

外部图块是作为一个独立的图形文件存在的，因此创建外部图块实际上就是创建用作块的图形文件，创建的方法有两种：

方法一：在命令行中输入 WBLOCK 命令，从当前图形中选取对象，然后保存到新图形中。使用 WBLOCK 命令形成的图形文件与其他图形文件并无区别，同样可以打开、编辑。

方法二：使用 SAVE 或 SAVE AS 命令，保存整个图形文件。

外部图块可以在当前图形文件和其他图形文件中重复使用。

2. 选项说明

执行 WBLOCK 命令后，系统弹出如图 5-4 所示"写块"对话框。

图 5-4　"写块"对话框

其主要内容如下：

（1）源：该区域用于定义写入外部块的源实体。它包括如下内容：

①块：该单选项指定将内部块写入外部块文件，可在其后的输入框中输入块名，或在下拉列表框中选择需要写入文件的内部图块的名称。

②整个图形：该单选项指定将整个图形写入外部块文件。该方式生成的外部块的插入基点为坐标原点（0，0，0）。

③对象（单选项）：该单选项将用户选取的实体写入外部块文件。

④基点：该区域用于指定图块插入基点，只对源实体为对象时有效。

⑤对象：该区域用于指定组成外部块的实体，以及生成块后源实体是保留、消除或是转换成图块，该区域只对源实体为对象时有效。

（2）目标：该区域用于指定外部块文件的文件名、储存位置以及采用的单位制式。单击输入框后的 ▼ 按钮，弹出下拉列表框，框中列出几个路径供用户选择；还可单击右边的 ▣ 按钮，弹出浏览文件夹对话框，系统提供更多的路径供用户选择。

3. 操作实例

用 WBLOCK 命令将图 5-5 所示汽车定义为外部块（写块）。其操作步骤如下：

命令：WBLOCK　　　　　　　　　　　执行 WBLOCK 命令，弹出写块对话框
选取源栏中的整个图形选框　　　　　　将写入外部块的源指定为整个图形
点击选择对象图标，选取汽车图形　　　指定对象
在目标对话框中输入"大巴 Block"　　　确定外部块名称
点击确定按钮：　　　　　　　　　　　完成定义外部块操作

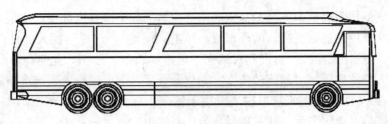

图 5-5 汽车图形

【提示】所有的 .dwg图形文件均可视为外部块插入到其他的图形文件中，不同的是，用 WBLOCK 命令定义的外部块文件的插入基点是由用户设定好的，而用 NEW 命令创建的图形文件，在插入其他图形中时将以坐标原点（0，0，0）作为其插入基点。

三、插入块

1. 功能介绍

将已定义好的内部图块或外部图块插入到当前图形中。如将"door"图块插入到图 5-6（a）中，生成图 5-6（b）所示效果。

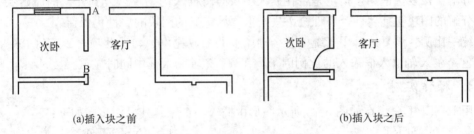

(a)插入块之前　　　　　　　　　　　(b)插入块之后

图 5-6 插入"door"图块

2. 操作方法

工具栏：单击"绘图"工具栏中的 按钮。

菜单栏：选择"插入"菜单→"块…"。

命令行：输入 INSERT 命令。

3. 选项说明

"插入"对话框如图 5-7 所示。

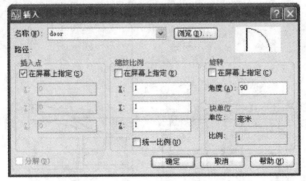

图 5-7 "插入"对话框

名称：该下拉列表框中选择欲插入的内部块名。如果没有内部块，则是空白。

浏览：此项用来选取要插入的外部块。单击"浏览"，选择要插入的外部图块文件路径及名称，点击"打开"。再回到对话框，单击"确定"按钮，此时命令行提示指定插入点，键入插入比例、块的旋转角度。完成命令后，图形就插入到指定插入点。

插入点（X，Y，Z）：此三项输入框用于输入坐标值以确定块在图形中的插入点。当勾选"在屏幕上指定"后，此三项呈灰色，不能用。

缩放（X，Y，Z）：此三项输入框用于预先输入图块在 X 轴、Y 轴、Z 轴方向上缩放的比例因子。这三个比例因子可相同，也可不同。当选用"在屏幕上指定"后，此三项呈灰色，不能用。缺省值为 1。

在屏幕上指定：勾选此复选框，将在插入时对图块定位，即在命令行中定位图块的插入点和 X、Y、Z 的比例因子及旋转角度；不勾选此复选框，则需键入插入点的坐标、比例因子和旋转角度。

角度（A）：图块在插入图形中时可任意改变其角度，在此输入框可指定图块的旋转角度。当选用"在屏幕上指定"后，此项呈灰色，不能用。

分解：该复选框用于指定是否在插入图块时将插入的图块恢复到元素的原始状态。如果分解的图块包括属性，属性会丢失，但原始定义的图块的属性仍保留。

统一比例：该复选框用于统一三个轴向上的缩放比例。勾选此项，Y、Z 的输入框呈灰色，在 X 轴输入框输入的比例因子，在 Y、Z 轴输入框中同时显示。

4．操作实例

用 INSERT 命令在如图 5-8 所示图形中插入一个床。其操作步骤如下：

命令：INSERT	执行 INSERT 命令，弹出插入图插块对话框，插入"大床"块
在插入栏中选择选"大床"块	插入"大床"块
在三栏中均选择在屏幕上指定	确定定位图块方式
单击对话框的"确定"按钮	对话框消失，提示指定插入点
多个块/<块的插入点>：在房间中间拾取一点	指定图块插入点
角（C）/XYZ/X 比例因子<1.000000>：	回车选默认值，确定插入比例
Y 比例因子：< 等于 X 比例（1.000000）>：	回车选默认值，确定插入比例
块的旋转角度：90	设置插入图块的旋转角度
命令：	结束插入命令

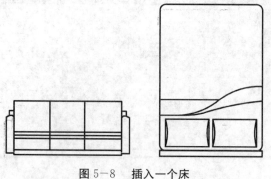

图 5-8　插入一个床

5. 从文件夹中直接拖入

从 Windows 资源管理器或打开的文件夹中，将作为外部图块的图形文件图标拖至绘图区域（如图 5-9 所示）。释放按钮后，命令行将提示"指定插入点或［基点（B）/比例（S）/X/Y/Z/旋转（R）］："；依次指定插入点、缩放比例和旋转值即可。

图 5-9　从文件夹中直接拖入块

四、修改块定义

1. 修改内部图块定义

图块是一个整体，不能直接对它进行编辑。要编辑图块，首先要将图块分解为独立的对象。操作步骤如下：

（1）输入 EXPLODE 命令，将图块分解。

（2）编辑组成块的图形。

（3）输入 BLOCK 命令，出现对话框，重新选择生成块的对象，给出与原图块相同的名称，块就被更新定义。

2. 修改外部图块定义

修改外部图块定义有两种方法。

1）方法一

（1）输入 EXPLODE 命令，将插入的图块分解。

（2）编辑组成块的图形。

（3）输入 WBLOCK 命令，出现对话框，重新选择生成块的对象，给出与原图块相同的路径与名称，块就被更新定义。

2）方法二

打开作为外部图块的图形文件，修改后保存即可。

3. 使用块编辑器修改块定义

使用块编辑器也可以修改内部图块和外部图块。操作步骤如下：

（1）选中待编辑的块。

（2）选择"工具"→"块编辑器"命令，或快捷菜单中的"块编辑器"，打开块编辑器。

（3）在块编辑器的绘图区域中直接对块进行编辑修改。

（4）点击块编辑器中的"保存块定义"凸按钮。

（5）关闭块编辑器。

模块二　编辑与管理块属性

一个零件、符号除自身的几何形状外，还包含很多参数和文字说明信息（如规格、型号、技术说明等），AutoCAD 系统将图块所含的附加信息称为属性，如规格属性、型号属性等。而具体的信息内容则称为属性值。可以使用属性来追踪零件号码与价格。属性可为固定值或变量值。插入包含属性的图块时，程序会新增固定值与图块到图面中，并提示要提供变量值。插入包含属性的图块时，可提取属性信息到独立文件，并使用该信息于空白表格程序或数据库，以产生零件清单或材料价目表。还可使用属性信息来追踪特定图块插入图面的次数。属性可为可见或隐藏，隐藏属性既不显示，亦不出图，但该信息储存于图面中，并在被提取时写入文件。属性是图块的附属物，它必须依赖于图块而存在，没有图块就没有属性。

一、定义图块属性

1. 功能介绍

定义表面粗糙度值的块属性，并将属性附着到块上。定义后的效果如图 5-10 所示，属性标记"?"，插入块时的提示信息为"请输入表面粗糙度的值"。

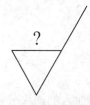

图 5-10　表面粗糙度块属性定义后的效果

2. 操作方法

菜单栏：选择"绘图"菜单→"块"→"定义属性…"。

命令行：输入 ATTDEF 命令。

3. 完成示例

此例应先绘制图形符号，再为可变的表面粗糙度信息定义属性，然后将它们包括在块定义中。操作步骤如下：

（1）使用 LINE 命令绘制表面粗糙度的图形符号。

（2）输入 ATTDEF 命令后，打开"属性定义"对话框（如图 5-11 所示）。

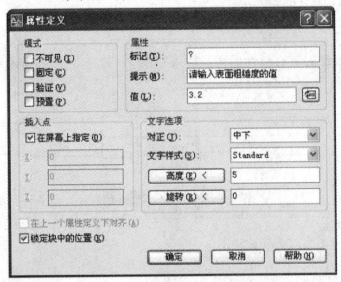

图 5-11 "属性定义"对话框

①对话框的"模式"选项组用于插入属性图块时，设置属性值选项。

A. "不可见"复选框，选中后，在插入属性图块时将不显示或打印属性值；

B. "固定"复选框，选中后，在插入属性图块时将赋予属性固定值；

C. "验证"复选框，选中后，在插入属性图块时将提示验证属性值是否正确；

D. "预置"复选框，选中后，在插入属性图块时将属性设置为默认值。

在本例中以上几个复选框均不予选择。

②对话框的"属性"选项组。

A. "标记"文本框，用于输入定义属性的标志，本例输入"?"。

B. "提示"文本框，用于输入插入属性图块时的提示信息，本例输入"请输入表面粗糙度的值"。

C. "值"文本框，用于输入默认的属性值，本例输入"3.2"。

③ 对话框的"文字选项"选项组。

用于属性文字的设置。本例设置见图 5-11。

（3）点击"确定"按钮，返回绘图窗口，命令行提示"指定起点:"，即指定属性文字的放置位置，本例中点击表面粗糙度图标的横线中点。

（4）输入 BLOCK 或 WBLOCK 命令，选中图 5-10 中的全部对象（包括表面粗糙度图形符号和属性标记），以图形符号下部端点为基点，创建名称为"表面粗糙度"的内部图块或外部图块。

二、插入带有属性的图块

1. 示例

将上例中创建的带有属性的块，插入到图 5－12（a）中，插入后的效果如图 5－12（b)所示。

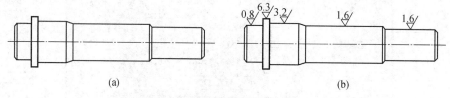

（a）　　　　　　　　　　（b）

图 5－12　插入带有属性的图块

2. 命令功能

将带有属性的块插入到当前图形中。

3. 操作方法

工具栏：单击"绘图"工具栏中的 按钮。

菜单栏：选择"插入"菜单→"块…"。

命令行：输入 INSERT 命令。

4. 完成示例

操作步骤：

（1）输入 INSERT 命令，打开"插入"对话框，指定插入点、缩放比例、旋转角度，关闭对话框后，命令行还会提示"请输入表面粗糙度的值<3.2>:"，这是在定义属性时用户输入的提示信息，在此输入 0.8，完成左起第一个图块的插入。

（2）重复第（1）步，只是最后输入 6.3，完成左起第二个图块的插入。

（3）其他三个图块的插入同上，最后分别插入 3.2、1.6、1.6 即可。

三、编辑图块属性

1. 编辑块属性定义

我们一般使用"块属性管理器"对块属性定义进行编辑修改。

1）命令输入

工具栏：单击"修改 II"工具栏中的"块属性管理器…" 按钮。

菜单栏：选择"修改"菜单→"对象"→"属性"→"块属性管理器…"。

命令行：输入 BATTMAN 命令。

2）操作步骤

（1）输入 BATTMAN 命令，打开"块属性管理器"对话框（如图 5-13 所示）。

图5-13　"块属性管理器"对话框

（2）在对话框中的"块"下拉列表框中选择需要编辑的带有属性的块名称，或者点击"选择块"按钮，在绘图窗口选择要编辑的带有属性的块。

（3）单击在对话框中的"编辑"按钮，打开"编辑属性"对话框（如图5-14所示），从中可以修改属性。

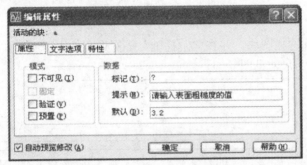

图5-14　"编辑属性"对话框

（4）点击"编辑属性"对话框的"确定"按钮，返回"块属性管理器"对话框。

（5）点击"确定"按钮。

2. 编辑已插入块属性

编辑块参照中的属性可以使用"特性"选项板来更改，也可以使用"增强属性编辑器"来修改。

1）命令输入

工具栏：单击"修改 II"工具栏中的"编辑属性" 按钮。

菜单栏：选择"修改"菜单→"对象"→"属性"→"单个…"。

命令行：输入 EATTEDIT 命令。

双击块，直接打开"增强属性编辑器"对话框。

2）操作步骤

（1）输入 EATTEDIT 命令，命令行提示"选择块"，选择需修改的块参照。

（2）弹出"增强属性编辑器"对话框（如图5-15所示）。

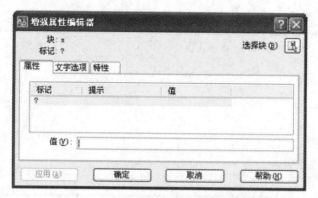

图 5-15 **"增强属性编辑器"** 对话框

（3）在对话框中进行属性修改后，点击"确定"按钮即可。

模块三 任务解析

【要求】创建标题栏图块，并在"阶梯轴"等图形文件中引用，如图 5-16 所示。标题栏的格式与尺寸见图 5-1。

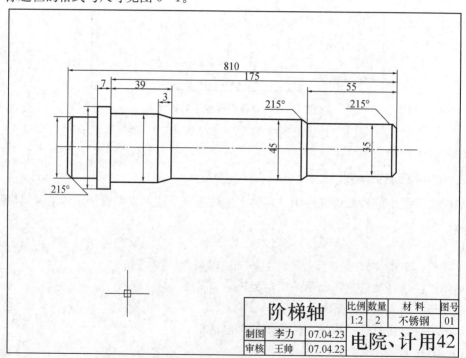

图 5-16 **将标题栏图块插入到"阶梯轴.dwg"中**

【分析】本实例涵盖知识点：设置文字样式、创建表格、定义图块属性、定义外部图块、插入带有属性的图块。

标题栏可以在多个图形文件中重复使用，因此要将其创建为外部图块。

图 5-1 所示的标题栏中，加"（）"的文字和"××"均为可变的文字信息，要将它们定义为属性附加在"标题栏"图块中。

【操作步骤】

1．新建在标题栏中使用的文字样式

（1）点击"格式"菜单→"文字样式…"，打开"文字样式"对话框（如图 5-17 所示）。

图 5-17　　"标题栏"文字样式

（2）点击"新建"按钮，在弹出的"新建文字样式"对话框中输入新的文字样式名称"标题栏"，点击"确定"按钮，返回"文字样式"对话框。

（3）字体名选择楷体，高度设为 0，宽度比例设为 0.7，倾斜角度设为 0。

（4）点击"应用"按钮后，再点击"关闭"按钮即可。

2．创建表格

本表格可以采取两种方式创建。

一种方式是使用 AutoCAD 中的"创建表格"功能。

（1）新建表格样式。

点击"格式"菜单→"表格样式…"，打开"表格样式"对话框，建立无标题行、无页眉行的"标题栏"表格样式。

（2）创建表格。

点击"格式"菜单→"文字样式…"，打开"文字样式"对话框，选择"标题栏"表格样式，创建 4 行 7 列的表格，输入表格中的固定文字信息。

（3）修改表格。

选中左上侧 6 个单元格后，在快捷菜单中选择"合并单元格"，将其合并，同样方

法合并右下侧 8 个单元格。选中其余的单元格，打开"特性"面板，根据图 5—1 的尺寸设定它们的列宽和行高。最后效果见图 5—18。

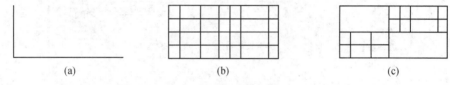

			比例	数量	材料	图号
制图						
审核						

图 5—18　标题栏空白表格

另一种方式是使用偏移、修剪命令。

（1）用 LINE 命令画出下侧的水平表格线和左侧的垂直表格线，见图 5—19（a）。

（2）使用偏移命令对他们分别进行偏移，偏移效果见图 5—19（b）。

（3）对图 5—19（b）进行修剪，结果见图 5—19（c）。

（4）输入表格中的固定文字信息，最后效果见图 5—18。

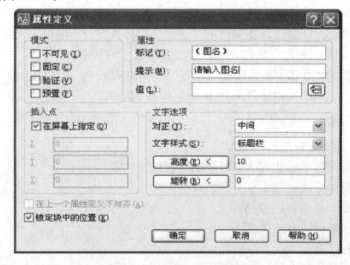

         （a）   （b）   （c）

图 5—19　使用偏移命令创建表格

3. 定义属性

为表格中的可变文字信息——定义属性。以创建"图名"属性为例进行说明。

（1）点击"绘图"菜单→"块"→"定义属性…"，打开"属性定义"对话框，各项参数设置见图 5—20。

图 5—20　创建"图名"属性

（2）点击"确定"按钮，返回绘图窗口。

（3）此时命令行提示"指定起点："，光标在左上单元格的中间点点击即可。以同样方法创建其他属性。

4．定义块

（1）在命令行输入 WBLOCK 命令，打开"写块"对话框（如图 5-21 所示）。

图 5-21　定义"标题栏"图块

（2）"源"选项组：选择"对象"；"基点"选项组：点击"拾取点"按钮，在绘图窗口拾取表格的右下角点；"对象"选项组：选择"保留"，再点击"选择对象"按钮，在绘图窗口选中表格和所有属性对象；"目标"选项组：输入外部块图形文件名称和路径。

（3）点击"确定"按钮即可。

5．插入块

（1）打开图形文件"阶梯轴.dwg"。

（2）输入 INSERT 命令，打开"插入"对话框，各项参数设置见图 5-22。

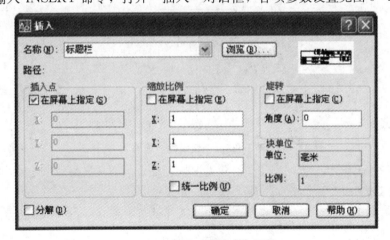

图 5-22　插入"标题栏"图块

（3）点击"确定"按钮，返回绘图窗口。

（4）此时命令行提示：

指定插入点或［基点（B）/比例（S）/X/Y/Z/旋转（R）］：（光标拾取"阶梯轴"图框的右下角点）。

（5）命令行继续提示：

输入属性值。

请输入图名：（输入"阶梯轴"，↙）。

请输入图号：（输入"01"，↙）。

请输入出图比例：（输入"1∶2"，↙）。

请输入加工数量：（输入"2"，↙）。

请输入材料：（输入"不锈钢"，↙）。

请输入制图人：（输入"李力"，↙）。

请输入制图日期：（输入"07.04.20"，↙）。

请输入审核人：（输入"王帅"，↙）。

请输入审核日期：（输入"07.04.23"，↙）。

请输入校名、班级：（输入"电院、计用42"，↙）。

即生成图5−16所示结果。

技 能 训 练

1. 创建属性"编号"，其高度为16，如图5−23所示。"编号"包含以下内容：

标记：编号

提示：请输入房间编号

值：000

图5−23　创建属性"编号"

2. 将属性、矩形、实心圆点等创建成图块，块名为"房间编号"，插入点定义在实心圆点的圆心处。

3. 在图形中插入"房间编号"块，并输入属性值，结果如图5−24所示。

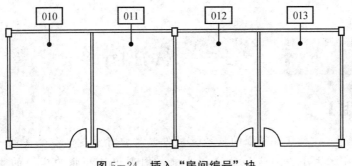

图5-24　插入"房间编号"块

【学习目标】

工程图样是一种规范性很强的技术性文件，尺寸标注是工程制图的一项重要内容，它用于确定图形的大小、形状和位置，是进行图形识读和指导生产的主要技术依据。AutoCAD 软件在标注尺寸时，可以自动测量尺寸并进行标注，因此，在绘图时应准确，在标注时灵活运用目标捕捉、正交等辅助定位工具，提高作图准确性和工作效率。

【基础知识点】

●标注样式的创建与修改
●标注规则
●图形标注方法
●标注修改方法

【任务设置】

标注图 6-29 所示图形。

模块一　尺寸标注的组成与规则

一、尺寸标注的组成

一个完整的尺寸标注由尺寸界线、尺寸线、尺寸文本、尺寸箭头、旁注线标注、中心标记等部分组成，如图 6-1 所示。

尺寸界线（Extension Lines）：从图形的轮廓线、轴线或对称中心线引出，有时也可以利用轮廓线代替，用以表示尺寸起始位置。一般情况下，尺寸界线应与尺寸线相互垂直。

尺寸线（Dimension Line）：通常与所标注对象平行，放在两尺寸界线之间；尺寸线不能用图形中已有图线代替，必须单独画出。

尺寸箭头（Arrowhead）：在尺寸线两端，用以表明尺寸线的起始位置。

尺寸文本（Dimension Text）：写在尺寸线上方或中断处，用以表示所选定图形的具体大小。AutoCAD 2008 自动生成所要标注图形的尺寸数值，用户可以接受、添加或修改此尺寸数值。

旁注线标注（Leader/Qleader）：用多重线段（折线或曲线）、箭头和注释文本对一些特殊结构或不清楚的内容进行补充说明的一种标注方式。

中心标记（Center Point）：指示圆或圆弧的中心。

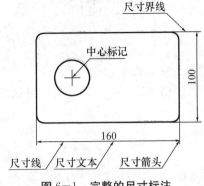

图 6-1 完整的尺寸标注

二、尺寸标注的规则

在 AutoCAD 中，对绘制的图形进行尺寸标注时应遵循以下规则：

（1）物体的真实大小应以图样上所标注的尺寸数值为依据，图样中所标注的尺寸为该图样所表示的物体的最后完工尺寸，否则应另加说明。

（2）一般情况下，物体的每一尺寸只标注一次，并应标注在反映该结构最清晰的图形上。

（3）尺寸界线应用细实线绘制，一般应与被注长度垂直，且宜超出尺寸线 2～3 mm。

（4）尺寸起止符号在机械制图中一般用箭头表示，长度宜为 2～3 mm。建筑图纸的尺寸起止符号，用中粗斜短线表示。

（5）当尺寸线为竖直时，尺寸文字注写在尺寸线的左侧，字头朝左；当尺寸线为其他任何方向时，尺寸文字字头都应保持向上，且注写在尺寸线的上方。

（6）尺寸文字一般应依据其方向注写在靠进近尺寸线的上方中部。如没有足够的注写位置，最外边的尺寸文字可注写在尺寸界限的外侧，中间相邻的尺寸文字可错开注写。

（7）尺寸宜标注在图样轮廓以外，不宜与图线、文字及符号等相交。图样轮廓线以外的尺寸界线，距图样最外轮廓之间的距离，不宜小于 10 mm。

（8）角度的尺寸线应以圆弧表示。该圆弧的圆心应是该角的顶点，角的两条边为尺寸界线。起止符号应以箭头表示，如没有足够位置画箭头，可用圆点代替，角度数字应按水平方向注写。

（9）标注圆弧的弧长时，尺寸线应以与该圆弧同心的圆弧线表示。

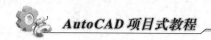

模块二　设置标注样式

尺寸标注格式控制尺寸标注各组成部分的外观形式。如果用户开始绘制新的图形时选择了公制单位，则系统默认的格式为 ISO-25，用户可根据实际情况对尺寸标注格式进行设置，以满足使用的要求。

一、标注样式管理器

用户在进行尺寸标注前，应首先设置尺寸标注格式，然后再用这种格式进行标注，这样才能获得满意的效果。

1．操作方法

工具栏：单击"标注"工具栏的 按钮。

菜单栏：选择"格式"菜单→"标注样式"。

命令行：输入 DIMSTYLE 命令。

调用 DIMSTYLE 后，将打开"标注样式管理器"对话框（如图 6-2 所示），在对话框中创建或修改标注样式。

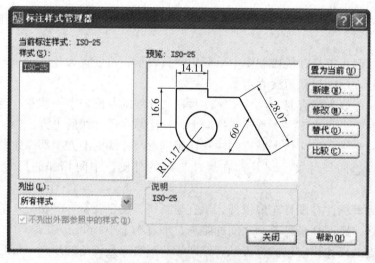

图 6-2　"标注样式管理器"对话框

2．选项说明

1）当前标注样式

显示当前标注样式的名称，默认为"ISO-25"。

2）样式

列出图形中的标注样式。在文本框中单击鼠标右键可显示快捷菜单及选项，可用于设置当前标注样式、重命名样式和删除样式。不能删除当前样式或当前图形已使用的样式。

"样式"文本框中的选定项目控制预览显示的标注样式。

3）列出

用于控制"样式"文本框中的样式显示。如果要查看图形中所有的标注样式，选择"所有样式"；如果只希望查看图形中当前使用的标注样式，选择"正在使用的样式"；如果选择"不列出外部参照中的样式"选项，将不在"样式"列表中显示外部参照图形的标注样式。

4）预览

（1）预览区域。显示"样式"文本框中选定样式的图示。

（2）说明。说明"样式"文本框中与当前样式相关的选定样式。如果说明超出给定的空间，可以单击窗格并使用箭头键向下滚动。

5）置为当前

将在"样式"文本框中选定的标注样式设置为当前标注样式，当前样式将应用于所创建的标注。

6）新建

显示"创建新标注样式"对话框（如图6-3所示），从中可以定义新的标注样式。

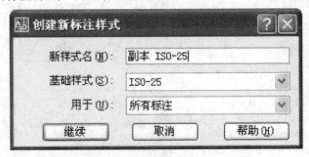

图6-3　"创建新标注样式"对话框

（1）新样式名。指定新的标注样式名。

（2）基础样式。设置作为新样式的基础的样式。对于新样式，仅修改那些与基础样式不同的特性。

（3）用于。创建一种仅适用于特定标注类型的标注子样式。例如，可以创建一个"ST"标注样式的版本，该样式仅用于直径标注。

（4）继续。显示"新建标注样式"对话框，从中可以定义新的标注样式特性。

7）修改

显示"修改标注样式"对话框，从中可以修改标注样式。对话框选项与"新建标注样式"对话框中的选项相同。

8）替代

显示"替代当前样式"对话框，从中可以设置标注样式的临时替代。对话框选项与"新建标注样式"对话框中的选项相同。替代将作为未保存的更改结果显示在"样式"文本框中的标注样式下。

对于个别标注，可能需要在不创建其他标注样式的情况下创建替代样式以便不显示标注的尺寸界线，或者修改文字和箭头的位置使它们不与图形中的几何图形重叠。

9）比较

显示"比较标注样式"对话框，从中可以比较两个标注样式或列出一个标注样式的所有特性。

二、选项说明

在"新建标注样式"对话框中，包含有"直线""符号和箭头""文字""调整""主单位""换算单位"和"公差"七个选项卡。

1．"直线"选项卡设置

在"新建标注样式"对话框中，使用"直线"选项卡可以设置尺寸线、尺寸界线的格式和位置（如图6-4所示）。

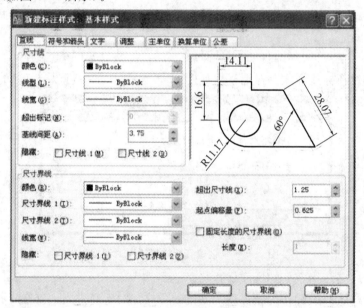

图6-4　"直线"选项卡

1）尺寸线

设置尺寸线的特性。

（1）颜色、线型、线宽。显示并设置尺寸线的颜色、线型、线宽。如果单击"选择颜色"（在"颜色"列表的底部），将显示"选择颜色"对话框。也可以输入颜色名或颜色号。

（2）超出标记。指定当箭头使用倾斜、建筑标记、积分和无标记时尺寸线超过尺寸界线的距离。

（3）基线间距。设置基线标注的尺寸线之间的距离。

（4）隐藏。不显示尺寸线。选中"尺寸线1"隐藏第一条尺寸线，选中"尺寸线2"隐藏第二条尺寸线。

2）尺寸界线

控制尺寸界线的外观。

（1）颜色、线宽。设置尺寸界线的颜色和线宽。

（2）尺寸界线1和尺寸界线2。设置第一条尺寸界线和第二条尺寸界线的线型。

（3）隐藏。不显示尺寸界线。选中"尺寸界线1"隐藏第一条尺寸界线，选中"尺寸界线2"隐藏第二条尺寸界线。

3）超出尺寸线

指定尺寸界线超出尺寸线的距离。

4）起点偏移量

设置自图形中定义标注的点到尺寸界线的偏移距离。

5）固定长度的尺寸界线

启用固定长度的尺寸界线。

图6-5所示为"直线"选项卡设置图例。

图6-5　"直线"选项卡设置图例

2."符号和箭头"选项卡设置

"符号和箭头"选项卡（如图6-6所示）用于设置箭头、圆心标记、弧长符号和半径折弯标注的格式与位置。

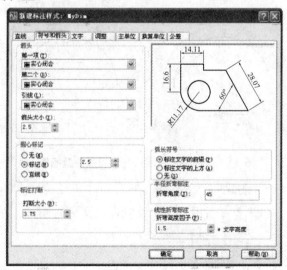

图6-6　"符号和箭头"选项卡

1）箭头

控制标注箭头的外观。

（1）第一项。设置第一条尺寸线起止符号样式。当第一项改变时，第二个将自动改变与其匹配。

（2）第二个。设置第二条尺寸线起止符号样式。

（3）引线。设置引线箭头类型。

（4）箭头大小。显示和设置起止符号的大小。

2）圆心标记

控制圆心标记的外观和大小。

（1）无。不创建圆心标记或中心线。

（2）标记。创建圆心标记。

（3）直线。圆心处以中心线标记。

（4）大小。显示和设置圆心标记的大小。

3）弧长符号

控制弧长标注中圆弧符号的显示。

（1）标注文字的前缀。将弧长符号放置在标注文字之前。

（2）标注文字的上方。将弧长符号放置在标注文字的上方。

（3）无。隐藏弧长符号。

4）半径折弯标注

控制折弯（Z字形）半径标注的显示。半径折弯标注通常在中心点位于页面外部时创建。

折弯角度：确定折弯半径标注中尺寸线横向线段的角度。

图6-7所示为"符号和箭头"选项卡设置图例。

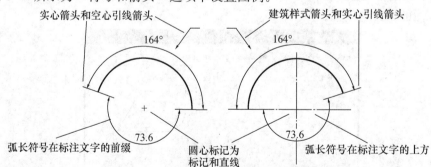

图6-7　"符号和箭头"选项卡设置图例

3. "文字"选项卡设置

"文字"选项卡（如图6-8所示）用于设置标注文字的外观、位置和对齐方式。

1）文字外观

控制标注文字的格式和大小。

（1）文字样式。显示和设置当前标注的文字样式。从列表中选择一种样式。要创建和修改标注文字样式，请选择列表旁边的"…"按钮。

（2）文字颜色。设置标注文字的颜色。

（3）填充颜色。设置标注中文字背景的颜色。

（4）文字高度；设置当前标注文字样式的高度。在文本框中输入值。如果在"文字样式"中将文字高度设置为固定值（即文字样式高度大于 0），则该高度将替代此处设置的文字高度。如果要使用在"文字"选项卡上设置的高度，请确保"文字样式"中的文字高度设置为 0。

（5）分数高度比例。设置相对于标注文字的分数比例。仅当在"主单位"选项卡上选择"分数"作为"单位格式"时，此选项才可用。在此处输入的值乘以文字高度，可确定标注分数相对于标注文字的高度。

（6）绘制文字边框。选择此选项，将在标注文字周围绘制一个边框。

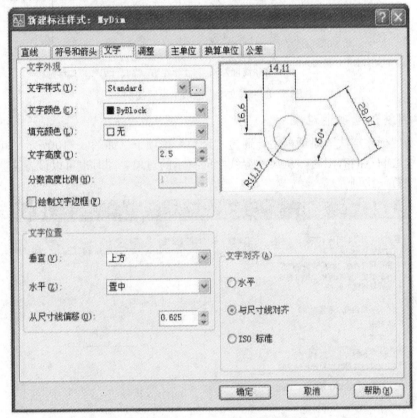

图 6-8　"文字"选项卡

2）文字位置

控制标注文字的位置。

（1）垂直。控制标注文字相对尺寸线的垂直位置。

（2）水平。控制标注文字在尺寸线上相对于尺寸界线的水平位置。

（3）从尺寸线偏移。设置尺寸数字与尺寸线之间的距离。

3）文字对齐

控制标注文字的方向是保持水平还是与尺寸界线平行。

（1）水平。水平放置文字。

（2）与尺寸线对齐。文字与尺寸线对齐。

（3）ISO 标准。当文字在尺寸界线内时，文字与尺寸线对齐；当文字在尺寸界线外时，文字水平排列。

图 6-9 所示为"文字"选项卡设置图例。

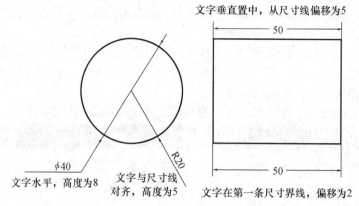

图 6-9 　"文字"选项卡设置图例

4. "调整"选项卡设置

在"新建标注样式"对话框中，通过"调整"选项卡（如图 6-10 所示）可以设置当尺寸界线之间空间有限时，从尺寸界线之间移出的对象，同时也可以设置文字放置的位置及标注特征比例等。

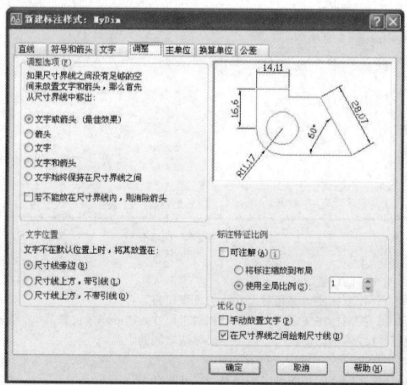

图 6-10 　"调整"选项卡

1）调整选项

控制基于尺寸界线之间可用空间的文字和箭头的位置。

如果有足够大的空间，文字和箭头都将放在尺寸界线内。否则，将按照"调整"选项放置文字和箭头。

（1）文字或箭头（最佳效果）。按照最佳效果将文字或箭头移动到尺寸界线外。

（2）箭头。先将箭头移动到尺寸界线外，然后移动文字。

（3）文字。先将文字移动到尺寸界线外，然后移动箭头。

（4）文字和箭头。当尺寸界线间距离不足以放下文字和箭头时，文字和箭头都移到尺寸界线外。

（5）文字始终保持在尺寸界线之间。始终将文字放在尺寸界线之间。

（6）若不能放在尺寸界线内，则隐藏箭头。如果尺寸界线内没有足够的空间，则隐藏箭头。

图6-11所示为"调整"选项卡设置图例。

图6-11　"调整"选项卡设置图例

2）文字位置

设置标注文字从默认位置（由标注样式定义的位置）移开时的位置。

（1）尺寸线旁边。如果选定，只要移动标注文字尺寸线就会随之移动。

（2）尺寸线上方，带引线。如果选定，移动文字时尺寸线将不会移动。如果将文字从尺寸线上移开，将创建一条连接文字和尺寸线的引线。当文字非常靠近尺寸线时，将省略引线。

（3）尺寸线上方，不带引线。如果选定，移动文字时尺寸线不会移动。远离尺寸线的文字与不带引线的尺寸线相连。

3）标注特征比例

设置全局标注比例值或图纸空间比例。

（1）将标注缩放到布局。根据当前模型空间视口和图纸空间之间的比例确定比例因子。当在图纸空间而不是模型空间视口中绘图时，将使用默认比例因子1.0。

（2）使用全局比例。为所有标注样式设置一个比例，这些设置指定了大小、距离或间距，包括文字和箭头大小。该缩放比例并不更改标注的测量值。

4）优化

提供用于放置标注文字的其他选项。

（1）手动放置文字。忽略所有水平对正设置并把文字放在"尺寸线位置"提示下指定的位置。

（2）在尺寸界线之间绘制尺寸线。即使箭头放在测量点之外，也在测量点之间绘制尺寸线。

5."主单位"选项卡设置

在"新建标注样式"对话框中,可以使用"主单位"选项卡(如图6-12所示)设置主单位的格式与精度等属性。

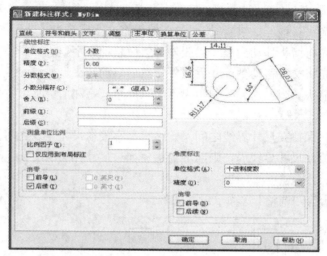

图6-12　"主单位"选项卡

1)线性标注

设置线性标注的格式和精度。

(1)单位格式。设置除角度之外的所有标注类型的当前单位格式。

(2)精度。设置标注文字中的小数位数。

(3)分数格式。设置分数格式。

(4)小数分隔符。设置用于十进制格式的小数分隔符。

(5)舍入。为除角度之外的所有标注类型设置标注测量值的舍入规则。如果输入0.25,则所有标注距离都以0.25为单位进行舍入;如果输入1.0,则所有标注距离都将舍入为最接近的整数。小数点后显示的位数取决于"精度"设置。

(6)前缀。在标注文字中包含前缀。可以输入文字或使用控制代码显示特殊符号。例如,输入控制代码"%%c"显示直径符号。当输入前缀时,将覆盖在直径和半径等标注中使用的任何默认前缀。如果指定了公差,前缀将添加到公差和主标注中。

(7)后缀。在标注文字中包含后缀。可以输入文字或使用控制代码显示特殊符号。输入的后缀将替代所有默认后缀。如果指定了公差,后缀将添加到公差和主标注中。

2)测量单位比例

定义线性比例选项。

(1)比例因子。设置线性标注测量值的比例因子。该值不应用到角度标注,也不应用到舍入值或者正负公差值。

(2)仅应用到布局标注。仅将测量单位比例因子应用于布局视口中创建的标注。除非使用非关联标注,否则,该设置应保持取消复选状态。

3)消零

控制不输出前导零和后续零以及零英尺和零英寸部分。

（1）前导。不输出所有十进制标注中的前导零。例如，0.8000 变成 .8000。

（2）后续。不输出所有十进制标注中的后续零。例如，6.5000 变成 6.5，15.0000 变成 15。

（3）0 英尺。当距离小于一英尺时，不输出英尺－英寸型标注中的英尺部分。

（4）0 英寸。当距离为英尺整数时，不输出英尺－英寸型标注中的英寸部分。

4）角度标注

显示和设置角度标注的当前角度格式。

（1）单位格式。设置角度单位格式。

（2）精度。设置角度标注的小数位数。

（3）消零。控制不输出前导零和后续零。

6. "换算单位"选项卡设置

在"新建标注样式"对话框中，可以使用"换算单位"选项卡（如图 6-13 所示）设置换算单位的格式。

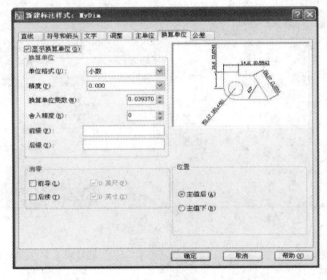

图 6-13　"换算单位"选项卡

1）换算单位

显示和设置除角度之外的所有标注类型的当前换算单位格式。

（1）单位格式。设置换算单位的单位格式。

（2）精度。设置换算单位中的小数位数。

（3）换算单位乘数。指定一个乘数，作为主单位和换算单位之间的换算因子使用。

（4）舍入精度。设置除角度之外的所有标注类型的换算单位的舍入规则。

（5）前缀。在换算标注文字中包含前缀。

（6）后缀。在换算标注文字中包含后缀，输入的后缀将替代所有默认后缀。

2）消零

控制不输出前导零和后续零以及零英尺和零英寸部分。

3）位置

控制标注文字中换算单位的位置。

（1）主值后。将换算单位放在标注文字中的主单位之后。

（2）主值下。将换算单位放在标注文字中的主单位下面。

7. "公差"选项卡设置

在"新建标注样式"对话框中，可以使用"公差"选项卡（如图6-14所示）设置是否标注公差，以及以何种方式进行公差标注。

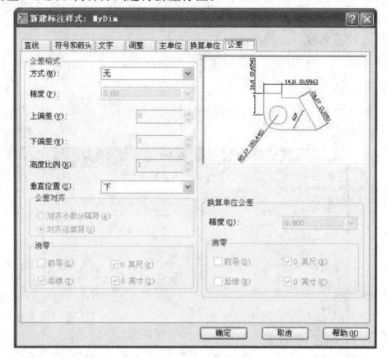

图6-14　　"公差"选项卡

1）公差格式

控制公差格式。

（1）方式。设置计算公差的方法。

无：不添加公差。

对称：上下偏差的绝对值相同，标注后面将显示加减号。在"上偏差"中输入公差值。

极限偏差：添加正/负公差表达式。不同的正公差和负公差值将应用于标注测量值。将在"上偏差"中输入的公差值前面显示正号（＋）；在"下偏差"中输入的公差值前面显示负号（－）。

界限：创建极限标注。在此类标注中，将显示一个最大值和一个最小值，一个在上，另一个在下。最大值等于标注值加上在"上偏差"中输入的值，最小值等于标注值减去在"下偏差"中输入的值。

基本：创建基本标注，这将在整个标注范围周围显示一个框。

（2）精度。设置小数位数。

（3）上偏差。设置最大公差或上偏差。如果在"方式"中选择"对称"，则此值将用于公差。

（4）下偏差。设置最小公差或下偏差。

（5）高度比例。设置公差文字的当前高度。

（6）垂直位置。控制对称公差和极限公差的文字对正。

上对齐：公差文字与主标注文字的顶部对齐。

中对齐：公差文字与主标注文字的中间对齐。

下对齐：公差文字与主标注文字的底部对齐。

2）消零

控制不输出前导零和后续零以及零英尺和零英寸部分。

3）换算单位公差

设置换算公差单位的格式。

图 6-15 为"公差"选项卡设置图例。

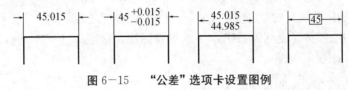

图 6-15　"公差"选项卡设置图例

模块三　尺寸标注方法

一、尺寸标注类型

AutoCAD 2008 提供了十几种标注工具用以标注图形对象，分别位于"标注"菜单栏或"标注"工具栏中，使用它们可以进行角度、直径、半径、线性、对齐、连续、圆心及基线等标注（如图 6-16 所示）。

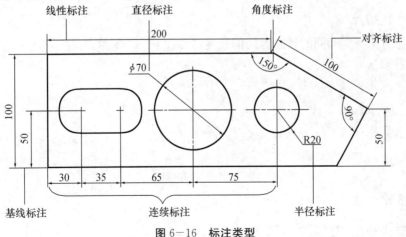

图 6-16　标注类型

二、线性标注

1. 命令功能

用于水平尺寸、垂直尺寸等的标注。

2. 操作方法

工具栏：单击"标注"工具栏中的▢按钮。

菜单栏：选择"标注"菜单→"线性"命令。

命令行：输入 DIMLINEAR 命令。

3. 完成示例

输入 DIMLINEAR 命令，命令行提示：

指定第一条尺寸界线原点或 ＜选择对象＞：（使用对象捕捉指定标注对象的起点）。

指定第二条尺寸界线原点：（使用对象捕捉指定标注对象的终点）。

指定尺寸线位置或［多行文字（M）/文字（T）/角度（A）/水平（H）/垂直（V）/旋转（R）］：（移动光标，拉出水平或垂直标注，指定标注尺寸的位置］。

4. 选项说明

第三步中的各选项说明如下：

（1）多行文字（M）：显示文字编辑器，可用来编辑标注文字。

（2）文字（T）：在命令行自定义标注文字。

（3）角度（A）：指定标注文字的角度。

（4）水平（H）：创建水平线性标注。

（5）垂直（V）：创建垂直线性标注。

（6）旋转（R）：创建旋转线性标注。

在第一步使用"选择对象"选项，当选择对象之后会自动确定第一条和第二条尺寸界线的原点。

三、对齐标注

1. 命令功能

标注与对象完全相同的任意方向的长度，如图 6—17 所示。

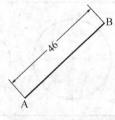

图 6—17　对齐标注

2. 操作方法

工具栏：单击"标注"工具栏中的◥按钮。

菜单栏：选择"标注"菜单→"对齐"命令。

命令行：输入 DIMALIGNED 命令。

3. 完成示例

输入 DIMALIGNED 命令，命令行提示：

指定第一条尺寸界线原点或 <选择对象>：（指定标注对象的起点）。

指定第二条尺寸界线原点：（指定标注对象的终点）。

指定尺寸线位置或［多行文字（M）/文字（T）/角度（A）］：（指定标注尺寸的位置或其他选项）。

四、角度标注

1. 示例

标注出图形中各点之间的角度（如图 6−18 所示）。

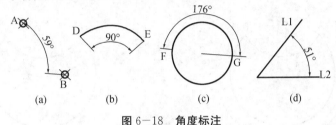

图 6−18 角度标注

2. 命令功能

用于标注角度尺寸。

3. 命令输入

工具栏：单击"标注"工具栏中的 按钮。

菜单栏：选择"标注"菜单→"角度"命令。

命令行：输入 DIMANGULAR 命令。

4. 完成示例

（1）输入 DIMANGULAR 命令，命令行提示：

选择圆弧、圆、直线或 <指定顶点>：（回车）。

指定角的顶点：（拾取点 C）。

指定角的第一个端点：（拾取点 A）。

指定角的第二个端点：（拾取点 B）。

指定标注弧线位置或［多行文字（M）/文字（T）/角度（A）］：［指定标注尺寸的位置，生成图 6−18（a）］。

（2）如果在上述第一步拾取圆弧，命令行提示：

指定标注弧线位置或［多行文字（M）/文字（T）/角度（A）］：［指定标注尺寸的位置，生成图 6−18（b）］。

（3）如果在（1）中第一步拾取圆，拾取点为 F 点，命令行提示：

指定角的第二个端点：（拾取 G 点）。

指定标注弧线位置或［多行文字（M）／文字（T）／角度（A）］：［指定标注尺寸的位置，生成图 6-18 (c)］。

4）如果在（1）中第一步拾取直线 L1，命令行提示：

选择第二条直线：（拾取直线 L2）。

指定标注弧线位置或［多行文字（M）／文字（T）／角度（A）］：［指定标注尺寸的位置，生成图 6-18 (d)］。

指定标注尺寸的位置时，如果确定的位置不同，标出的角度也可能不同。

五、弧长标注

1. 示例

标注出图形中各点之间的弧长（如图 6-19 所示）。

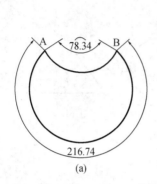

(a)　　　　　　　　(b)

图 6-19　弧长标注

2. 命令功能

用于测量圆弧或多段线弧线段的长度。

3. 命令输入

工具栏：单击"标注"工具栏中的 按钮。

菜单栏：选择"标注"菜单→"弧长"命令。

命令行：输入 DIMARC 命令。

4. 操作方法

（1）输入 DIMARC 命令，命令行提示：

选择弧线段或多段线弧线段：（拾取弧 AB）。

指定弧长标注位置或［多行文字（M）／文字（T）／角度（A）／部分（P）／引线（L）］：［指定标注位置，得到图 6-19 (a)］。

（2）如果在上述第二步选择选项"部分（P）"，命令行提示：

指定圆弧长度标注的第一个点：（捕捉点 A 或输入 A 点坐标）。

指定圆弧长度标注的第二个点：（捕捉点 C 或输入 C 点坐标）。

指定弧长标注位置或［多行文字（M）／文字（T）／角度（A）／部分（P）／引线（L）］：［指定标注位置，得到图 6-19 (b)］。

六、基线标注

1. 示例

自同一基线进行多个标记，如图 6—20 所示。

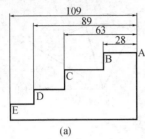
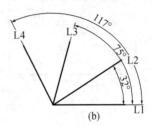

图 6—20 **基线标注**

2. 命令功能

标注出自同一基线处测量的多个标注。

3. 命令输入

工具栏：单击"标注"工具栏中的 按钮。

菜单栏：选择"标注"菜单→"基线"命令。

命令行：输入 DIMBASELINE 命令。

4. 完成示例

如果当前任务中未创建任何标注，用户必须先创建一个标注以用作基线标注的基准。

（1）标注 AB 的线性距离。

输入 DIMLINEAR 命令，命令行提示：

指定第一条尺寸界限原点或 <选择对象>：（指定 A 点）。

指定第二条尺寸界限原点或 <选择对象>：（指定 B 点）。

（2）绘制基线标注。

输入 DIMBASELINE 命令，命令行提示：

指定第二条尺寸界线原点或［放弃（U）/选择（S）］<选择>：（指定 C 点）。

指定第二条尺寸界线原点或［放弃（U）/选择（S）］<选择>：（指定 D 点）。

指定第二条尺寸界线原点或［放弃（U）/选择（S）］<选择>：（指定 E 点）。

指定第二条尺寸界线原点或［放弃（U）/选择（S）］<选择>：［按 Enter 键结束，得到图 6—20（a）］。

绘制图 6—20（b）的方式同上。

默认情况下，使用基线标注前一标注的第一条尺寸界线作为基线标注的第一条尺寸界线。若在（1）中先指定 B 点，再指定 A 点，则在（2）的第一步中就应输入 S，重新选择基准。

基线间的距离应事先在标注样式中设置。

七、连续标注

1. 示例

标注出连续的距离或角度，如图 6−21 所示。

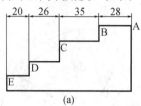
(a)

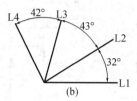
(b)

图 6−21　连续标注

2. 命令功能

标注出首尾相连的多个标注。

3. 命令输入

工具栏：单击"标注"工具栏中的┤├按钮。

菜单栏：选择"标注"菜单→"连续"命令。

命令行：输入 DIMCONTINUE 命令。

4. 完成示例

如果当前任务中未创建任何标注，用户必须先创建一个标注以用作连续标注的基准，然后输入 DIMCONTINUE 命令，后续操作同基线标注。

八、半径标注

1. 命令功能

用于半径的标注，如图 6−22 所示。

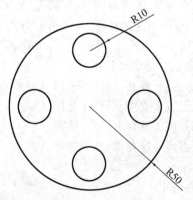

图 6−22　半径标注

2. 命令输入

工具栏：单击"标注"工具栏中的◯按钮。

菜单栏：选择"标注"菜单→"半径"命令。

命令行：输入 DIMRADIUS 命令。

3. 完成示例

输入 DIMRADIUS 命令，命令行提示：

选择圆弧或圆：（拾取图中的圆）。

指定尺寸线位置或［多行文字（M）/文字（T）/角度（A）］：（指定位置或输入选项）。

当指定了尺寸线的位置后，系统将按实际测量值标注出圆或圆弧的半径。也可以利用"多行文字（M）""文字（T）"或"角度（A）"选项，确定尺寸文字或尺寸文字的旋转角度。其中，当通过"多行文字（M）"和"文字（T）"选项重新确定尺寸文字时，只有给输入的尺寸文字加前缀 R，才能使标出的半径尺寸有半径符号 R，否则没有该符号。

九、直径标注

1. 命令功能

标注出圆或圆弧的直径（如图 6−23 所示）。

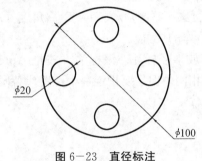

图 6−23　直径标注

2. 命令输入

工具栏：单击"标注"工具栏中的 按钮。

菜单栏：选择"标注"菜单→"直径"命令。

命令行：输入 DIMDIAMETER 命令。

3. 完成示例

输入 DIMDIAMETER 命令，后续操作同半径标注。

十、折弯半径标注

1. 命令功能

在任意合适的位置指定尺寸线的原点，标注选定对象的半径（如图 6−24 所示）。

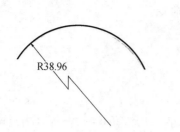

图 6-24　折弯半径标注

2. 命令输入

工具栏：单击"标注"工具栏中的 ⚡ 按钮。

菜单栏：选择"标注"菜单→"折弯"命令。

命令行：输入 DIMJOGGED 命令。

3. 完成示例

输入 DIMJOGGED 命令，命令行提示：

选择圆弧或圆：（拾取圆弧或圆）。

指定中心位置替代：（指定折弯的起点）。

指定尺寸线位置或［多行文字（M）/文字（T）/角度（A）］：（指定标注的位置）。

指定折弯位置：（指定折弯的位置）。

折弯半径标注也称为缩放半径标注。该标注方式是 AutoCAD 2008 新增的一个命令，它与半径标注方法基本相同，但需要指定一个位置代替圆或圆弧的圆心。

十一、引线标注

1. 命令功能

可以快速创建引线和引线注释（如图 6-25 所示）。

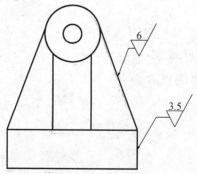

图 6-25　引线标注

2. 命令输入

工具栏：单击"标注"工具栏中的 ✎ 按钮。

菜单栏：选择"标注"菜单→"引线"命令。

命令行：输入 QLEADER 命令。

3．完成示例

（1）输入 QLEADER 命令，命令行提示：

指定第一个引线点或［设置（S）］＜设置＞：（指定第一个引线点，或按 ENTER 键指定引线设置）。

指定下一点：（指定下一个引线点）。

指定下一点：（指定下一个引线点或回车）。

指定文字宽度 ＜0＞：（输入宽度值或回车）。

输入注释文字的第一行 ＜多行文字（M）＞：（回车，结束）。

（2）引线后插入粗糙的图块。

如果在（1）中第一步输入"S"，则打开"引线设置"对话框（如图 6-26 所示）。

"引线设置"对话框的"引线和箭头"选项卡上的"点数"设置决定提示用户指定的引线点数。

对话框的"注释"选项卡，用于设置引线标注的注释类型。

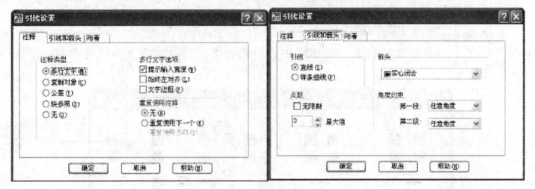

图 6-26　"引线设置"对话框

十二、形位公差标注

形位公差在机械图形中极为重要。一方面，如果形位公差不能完全控制，装配件就不能正确装配；另一方面，过度限制的形位公差又会由于额外的制造费用而造成浪费。但在大多数的建筑图形中，形位公差几乎不存在。

在 AutoCAD 中，形位公差的组成可以通过特征控制框来显示，包括图形的形状、轮廓、方向、位置和跳动的偏差等，如图 6-27 所示。

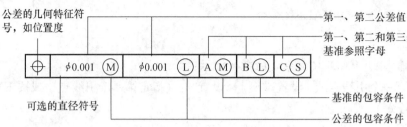

图 6—27　形位公差组成

1. 命令功能

创建或设置形位公差。

2. 命令输入

工具栏：单击"标注"工具栏中的 ⊕ 按钮。

菜单栏：选择"标注"菜单→"公差"命令。

命令行：输入 TOLERANCE 命令。

3. 操作方法

（1）输入"TOLERANCE"命令，打开"形位公差"对话框。

（2）在打开的"形位公差"对话框中，设置公差的符号、值及基准等参数，如图 6—28 所示。

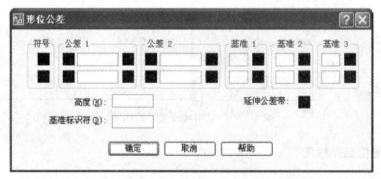

图 6—28　创建形位公差

（3）设置完成后，单击"确定"按钮，关闭对话框。

（4）在绘图窗口指定公差的放置位置。

模块四　编辑尺寸标注

在 AutoCAD 2008 中，编辑标注对象可以对已标注对象的文字、位置及样式等内容进行修改，而不必删除所标注的尺寸对象再重新进行标注。可以使用"特性"选项对尺寸标注进行编辑修改，编辑尺寸标注还有其特有的命令。

一、编辑标注

1．命令功能

编辑已有标注的标注文字和尺寸界线。

2．命令输入

工具栏：单击"标注"工具栏中的 ⊢—A—⊣ 按钮。

命令行：输入 DIMEDIT 命令。

3．操作方法

输入 DIMEDIT 命令，命令行提示：

输入标注编辑类型［默认（H）/新建（N）/旋转（R）/倾斜（O）]〈默认〉：（输入相应选项，完成操作）。

命令行中各选项含义如下：

默认：将旋转标注文字移回默认位置。

新建：使用在位文字编辑器更改标注文字。

旋转：旋转标注文字。

倾斜：调整线性标注尺寸界线的倾斜角度。

二、编辑标注文字位置

1．命令功能

编辑已有标注的标注文字放置位置。

2．命令输入

工具栏：单击"标注"工具栏中的 按钮。

菜单栏：选择"标注"→"对齐文字"子菜单中的命令。

命令行：输入 DIMTEDIT 命令。

3．操作方法

输入 DIMTEDIT 命令，命令行提示：

指定标注文字的新位置或［左（L）/右（R）/中心（C）/默认（H）/角度（A）]：（拖动光标来确定尺寸文字的新位置或输入相应选项）。

命令行中各选项含义如下：

左：沿尺寸线左对正标注文字。本选项只适用于线性、直径和半径标注。

右：沿尺寸线右对正标注文字。本选项只适用于线性、直径和半径标注。

中心：将标注文字放在尺寸线的中间。

默认：将标注文字移回默认位置。

角度：修改标注文字的角度。

三、标注更新

1. 命令功能

更新标注，使其采用指定的标注样式。

2. 命令输入

工具栏：单击"标注"工具栏中的 ⊢ 按钮。

菜单栏：选择"标注"→"更新"子菜单中的命令。

命令行：输入 DIMSTYLE 命令。

3. 操作方法

输入 DIMSTYLE 命令，命令行提示：

输入标注样式选项［保存（S）/恢复（R）/状态（ST）/变量（V）/ 应用（A）/?］＜恢复＞：（选择要修改样式的标注）。

模块五　任务解析

【要求】绘制如图 6-29 所示图形，并进行标注。

【分析】本实例涵盖知识点：标注样式的设置、图形的标注。绘制图形按照任务三、四的内容进行即可，本部分只分析标注方法。

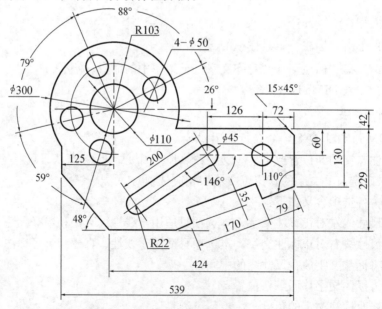

图 6-29　**图形及标注**

【操作步骤】

（1）建立一个名为"标注层"的图层，设置图层颜色为红色，线型为 Continuous，并使其成为当前层。

（2）创建新文字样式，样式名为"标注文字"，与该样式相关的字体文件是"gbeitc. shx"和"gbcbig. shx"。

（3）创建一个尺寸样式，名称为"标注-1"，对该样式作以下设置。

标注文字，文字高度等于"3.5"，精度为"0.0"，小数点格式是"句点"。

标注文本与尺寸线间的距离是"0.8"。

箭头大小为"2"。

尺寸界线超出尺寸线长度等于"1.5"。

尺寸线起始点与标注对象端点间的距离为"0.8"。

标注基线尺寸时，平行尺寸线间的距离为"7"。

标注总体比例因子为"7.0"。

（4）打开对象捕捉，设置捕捉类型为端点和交点。

（5）使"标注-1"成为当前样式，利用当前样式标注直径、半径及角度尺寸。用关键点编辑方式调整标注文字位置，再用 EXPLODE、BREAK 命令编辑某些尺寸线，结果如图 6-30 所示。

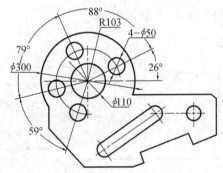

图 6-30　标注直径、半径及角度尺寸

（6）完成余下尺寸的标注，再用 EXPLODE、BREAK 命令编辑某些尺寸线。

（7）创建引线标注，再用 EXPLODE、BREAK 等命令编辑引线，结果如图 6-31所示。引线及标注文字位置可用关键点编辑方式调整。

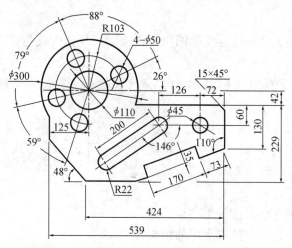

图 6-31　引线标注

技 能 训 练

绘制并标注如图 6-32~6-34 所示图形。

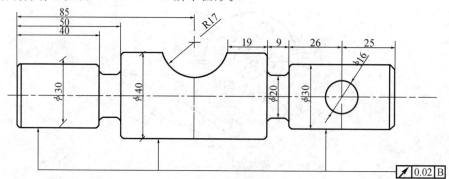

图 6-32　标注练习 1

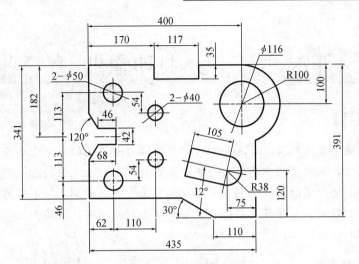

图 6−33 **标注练习 2**

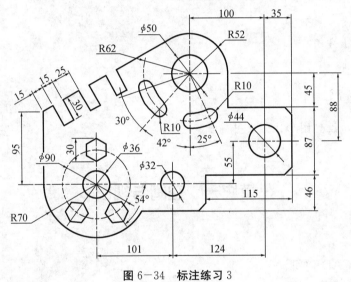

图 6−34 **标注练习 3**

【学习目标】

把绘制的图形文件从 AutoCAD 2008 中打印输出是绘图的一个重要目的，想要更好地完成这个工作，用户必须熟悉输出设备以及 AutoCAD 2008 中的打印设置。利用打印机出图之前，都要对图面进行调整、布置，使图面美观、协调。但不同的单位、不同的设计师有不同的习惯。本任务主要结合实例介绍如何规划图纸布局、设置相关的打印参数来控制图形的输出。

【基础知识点】

● 空间概念
● 打印输出方法
● 图形输出

【任务设置】

根据要求，设置图形比例，并输出。

模块一　空间与视口

一、AutoCAD 空间

1. 模型空间

模型空间是指用户在其中进行设计绘图的工作空间，主要用于完成绘图输出的图纸最终布局及打印。在模型空间中，不仅可以完成图形的绘制、编辑，同样可以直接输出图形。

2. 图纸空间

图纸空间（又称为布局）可以看作是由一张图纸构成的平面，且该平面与绘图区平行。

二、视口

视口是显示用户模型的不同视图的区域。在模型空间，可以将绘图区域拆分成一个或多个相邻的矩形视图，称为平铺视口。在图纸空间，也可建立一个或多个视口，称为浮动视口。

多视口用以显示不同方向或不同区域的视图，如主视图、俯视图、右视图、左视图等。

1. 模型空间中多视口的创建

在"模型"选项卡上创建的视口称为平铺视口，它们充满整个绘图区域并且相互之间不重叠。在一个视口中做出修改后，其他视口也会立即更新。

在模型空间创建视口配置的步骤如下：

（1）单击"视图"→"视口"→"新建视口"，打开"视口"对话框（如图 7-1 所示）。

（2）在"视口"对话框的"新建视口"选项卡中，从列表中选择不同方向的视口配置。

（3）在"设置"中选择"二维"或"三维"。如果选择了"三维"，则配置中的每一视口都使用标准三维视图。

（4）要改变视口，请在预览图像中选择一个视口。在"修改视图"下拉列表框中选择视图。列表中包括俯视图、仰视图、主视图、后视图、左视图、右视图、等轴测视图以及所有保存在图形中的命名视图。"预览"中将显示选定的视图。

（5）单击"确定"按钮。此时创建的多个平铺视口充满整个绘图窗口。

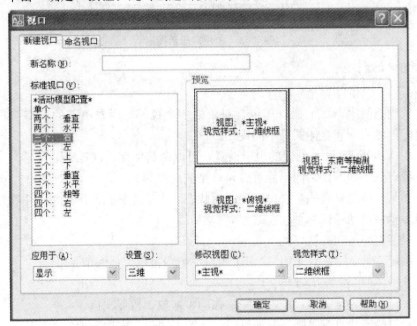

图 7-1　模型空间"视口"对话框

2. 图纸空间中多视口的创建

图纸空间创建的视口称为浮动视口，可以移动和缩放浮动视口。通过使用浮动视口，可以对显示进行更多控制。例如，可以冻结一个布局视口中的特定图层，而不影响其他视口。

在图纸空间创建视口配置可以使用与模型空间相似的方法。单击"视图"→"视口"→"新建视口",打开"视口"对话框。只是在图纸空间,"视口"对话框左下角的"应用于"下拉列表框变为"视口间距"下拉列表框,用于调整视口间的距离。在图纸空间的"视口"对话框中设置完毕,单击"确定"按钮后,还需在绘图区域中,指定两点,确定包含视口的区域。

在图纸空间还可以使用"MVIEW"命令创建不规则视口。

在设置完成的视口中创建或打开图形,可以从多个方向显示图形(如图 7-2 所示),并且可以直接使用对应空间的设置打印出图形。

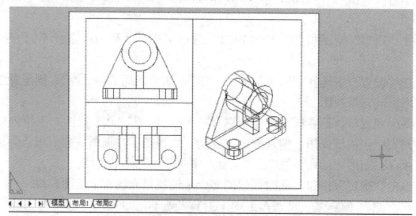

图 7-2　多视口显示图形

3. 视口的特点

1) 模型空间中视口的特点

(1) 模型空间中,每个视口都包含对象的一个视图,设置不同的视口会得到俯视图、正视图、侧视图和立体图等不同视图。

(2) 用 VPORTS 命令创建的视口设置,可以命名保存,以备后用。

(3) 视口是平铺的,它们不能重叠,总是彼此相邻。

(4) 在某一时刻只有一个视口处于激活状态,十字光标只能出现在一个视口中,并且也只能编辑该活动视口(平移、缩放等)。

(5) 只能打印活动的视口。

(6) 系统变量 MAXACTVP 决定了视口的数量范围,最大值是 64。

2) 图纸空间中视口的特点

(1) 视口的边界是实体,可以删除、移动、缩放、拉伸视口。

(2) 视口的形状没有限制。例如可以创建圆形视口、多边形视口等。

(3) 视口可以用各种方法将它们重叠、分离。

(4) 每个视口都在创建它的图层上,视口边界与层的颜色相同,但边界的线型总是实线。出图时如不想打印视口边界,可将其单独置于一图层上,冻结即可。

(5) 可以同时打印多个视口。

(6) 每个视口可以设置不同的打印比例。

模块二　图形输出

一、模型空间输出图形

1. 输出命令

工具栏：单击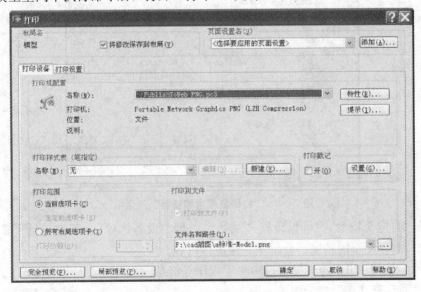按钮。

菜单栏：选择"文件"→"打印"命令。

命令行：输入 PLOT 命令。

在模型空间中执行命令后，打开"打印"对话框，如图 7-3 所示。

图 7-3　"打印"对话框

2. "打印"对话框各选项功能说明

在该对话框中，包含了"布局名"选项组、"页面设置名"选项组、"打印设备"选项卡、"打印设置"选项卡以及"完全预览"和"局部预览"按钮等。

1）"布局名"选项组

用于显示所在的空间，并通过复选框来决定是否将修改保存到布局中。

2）"页面设置名"选项组

各选项功能如下：

下拉列表：用于选择已有的页面设置。

"添加"按钮：用于打开"用户定义页面设置"对话框，用户可以新建、删除、输入页面设置。

3）"打印设备"选项卡

其中包括"打印机设置""打印样式表""打印范围""打印到文件"等选项组。

（1）"打印机设置"选项组。

"名称"下拉列表框：用于选择已经安装的打印设备。名称下面的信息为该打印设备的部分信息。

"特性"按钮：用于打开"打印机配置编辑器"对话框，如图 7-4 所示。

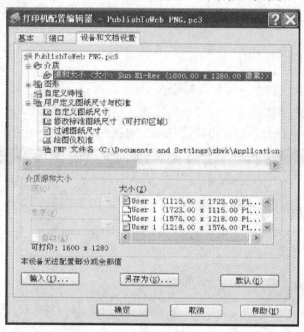

图 7-4　"打印机配置编辑器"对话框

选择"自定义特性"，可以设置"纸张、图形、设备选项"，其中包括了图纸的大小、方向，打印图形的精度、分辨率、速度等内容。

"提示"按钮：用于随机提示打印驱动程序等信息。

（2）"打印样式表"选项组。

"名称"下拉列表框：用于选择打印样式。

"编辑"按钮：用于编辑修改中的打印样式。

"新建"按钮：用于创建打印样式。

（3）"打印范围"选项组。

"当前选项卡"单选钮：用于打印当前的选项卡（包括模型选项卡和布局选项卡）。

"选定的选项卡"单选钮：用于打印选择的选项卡。

"所有布局选项卡"单选钮：用于打印所有布局。

"打印份数"：用于指定打印的份数。

（4）"打印到文件"选项组。

"打印到文件"复选框：用于将输出数据储存到文件中。

4）"预览"按钮

"完全预览"按钮：用于预览整个图形的输出结果。

"部分预览"按钮：用于预览部分图形的输出结果。

5）"打印设置"选项卡

"打印设置"选项卡包含"图纸尺寸和图纸单位""图形方向""打印区域""打印比例""打印偏移""打印选项"等选项组，如图7-5所示。

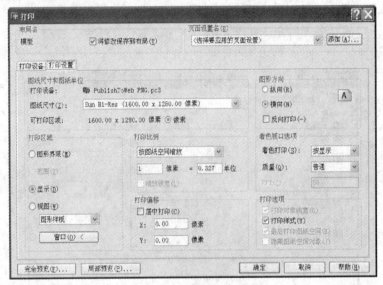

图7-5　"打印设置"选项卡

3. 打印输出图样步骤

（1）选择"打印"命令，系统打开"打印"对话框。

（2）选择布局及打印设置。

在"打印"对话框中，当前布局名显示在"布局名"栏中，可选择所设置的布局直接进行打印，也可以修改。

（3）打印预览。

选择布局或打印设置后，应进行打印预览。在"打印"对话框的左下角，有"部分预览"和"完全预览"两个选项按钮，可选用一种预览方式。

部分预览：选择"部分预览"按钮，表示预览时不需显示详细内容，只要将图形与图纸的相对位置显示出来，以检查是否超出图纸范围。

完全预览：选择"完全预览"按钮，表示要预览整个详细的图面，选择后，即开始预览。

（4）打印出图。

预览满意后，单击"确定"按钮，开始打印出图。

二、图纸空间输出图形

（1）通过图纸空间（布局）输出图形时可以在布局中规划视图的位置和大小。

（2）从布局中输出图形前，仍然需要先对要打印的图形进行页面设置，然后再输出，其输出的命令和操作方法与模型空间输出图形相似。

（3）在图形空间执行 PLOT 命令后，打开"打印"对话框。

（4）在该对话框中，如果选择了打印样式表中选项，则激活"编辑"按钮，单击"编辑"按钮后，打开"打印样式表编辑器"对话框，如图 7-6 所示。

（5）"打印样式表编辑器"对话框虽然包含了三个选项卡，但本质的内容都是设定打印样式的特性。

（6）特性包括颜色、抖动、灰度、笔号、虚拟笔号、淡显、线型、线宽、端点、连接、填充等性质。

图 7-6 "打印样式表编辑器"对话框

三、图形文件输出图形

现在国际上通常采用 DWF（图形网络格式）图形文件格式发布文件。DWF 是 Design Web Format 的缩写形式，是从 DWG 文件创建的高度压缩的文件格式。DWF 文件易于在 Web 上发布和查看。DWF 文件可在任何装有网络浏览器和 Autodesk WHIP！插件的计算机中打开、查看和输出。

DWF 文件支持图形文件的实时移动和缩放，并支持控制图层、命名视图和嵌入链接显示效果。DWF 文件是矢量压缩格式的文件，可提高图形文件打开和传输的速度、缩短下载时间。以矢量格式保存的 DWF 文件，完整地保留了打印输出属性和超链接信息，并且在进行局部放大时，基本能够保持图形的准确性。

1. 输出 DWF 文件

要输出 DWF 文件，必须先创建 DWF 文件，在这之前还应创建 ePlot 配置文件。使用配置文件 ePlot.pc3 可创建带有白色背景和纸张边界的 DWF 文件。通过 AutoCAD 的 ePlot 功能，可将电子图形文件发布到 Internet 上，所创建的文件以 DWF 格式保存。

2. 在外部浏览器中浏览 DWF 文件

如果在计算机系统中安装了 4.0 或以上版本的 WHIP! 插件和浏览器，则可在 Internet Explorer 或 Netscape Communicator 浏览器中查看 DWF 文件。如果 DWF 文件包含图层和命名视图，还可在浏览器中控制其显示特征。

3. 将图形发布到 Web 页

在 AutoCAD 2008 中，选择"文件"→"网上发布"命令，即使不熟悉 HTML 代码，也可以方便、迅速地创建格式化 Web 页，该 Web 页包含有 AutoCAD 图形的 DWF、PNG 或 JPEG 等格式图像。一旦创建了 Web 页，就可以将其发布到 Internet 上。

模块三　实际应用

一、手工绘图与 AutoCAD 制图区别

由于 AutoCAD 可以设置的绘图范围的大小没有限制，并且其作图还有自身的特点，不会如手工绘图那样受纸张大小的限制，所以利用软件来绘图的思路与方法与手工绘图有实质性的区别。

下面以工程图为例来介绍一下手工绘图与 AutoCAD 绘图在绘图思路上的区别。

1. 思路不同

手工绘图的思路：大物体—小图形—画于小图纸上，其中图形与图纸是不可分离的（即绘图工程与出图过程不可分离）。而 AutoCAD 绘图的思路：大物体—大图形—打印到小图纸上，可以实现图形与图纸的分离（即绘图工程与出图过程的分离）。

2. 比例设置

手工绘图的绘图过程是由大物体向小图形转化的过程，在绘图过程中，每画一笔，就要计算一次比例问题，非常麻烦。而用 AutoCAD 绘图的过程则是由大物体 1：1 直接向大图形转化的过程，即"全尺寸"绘图，绘图过程中间不用考虑比例问题，只需在打印时通过设置打印比例一次性将大图形打印到小图纸上，非常方便。

3. 绘图速度

AutoCAD 绘图的方便之处在于可以利用 AutoCAD 的图层来方便图形的绘制、编

辑和对输出的控制；可以利用图纸空间的缩放、平移命令进行图纸布局设置；可以通过制作图块和建立图块库来完成重复性的工作，提高绘图效率，实现一劳永逸；可以随意修改图形而不留痕迹；可以通过编写和运行脚本文件实现自动绘图；还可以通过数据交换来调用其他程序下的数据等。

二、任务解析

【要求】做一张大小为 A3（420 mm×297 mm），比例 1∶100 的建筑工程图。

【操作步骤】

1．设置图形边界

用 Limits 命令，设置图形边界的左下角为（0，0），右上角为（42000，29700）。

注意：此图形边界实际上是把图纸大小放大了比例的倒数倍，即把（420×297）放大了 100 倍为（42000×29700）。

2．设置栅格间距

用 Grid 命令，设置栅格点间距为 1000，并用 ON 选项打开栅格。

注意：在图形边界为 420×297 时，Grid 点间距为 10 较合适；当图形边界放大为42000×29700 后，Grid 点间距也要相应放大 100 倍才合适，即间距为 1000。

3．显示全部的图形边界在屏幕上

用 Zoom 命令并选择 All 选项即可。

4．设置单位

选下拉菜单"格式"→"单位"，打开"图形单位"对话框，如图 7-7 所示。

将"图形单位"标签页中的长度单位的类型设为"小数"，显示精度设为"0"；将角度单位的单位类型设为"度/分/秒"。

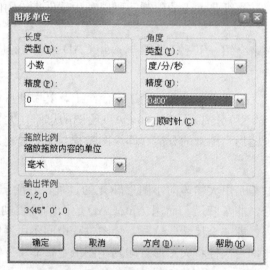

图 7-7　"图形单位"对话框

5. 创建并设置图层内容

用 Explayers 或 Layer 命令创建若干图层，并设置各图层的层名、颜色、线型等属性，绘图时把不同性质的内容布置在不同层上，以便于显示、编辑与输出。比如在建筑平面图中，可以在不同层上分别布置墙、门、窗、轴线、家具、设备、尺寸标注及文本注释等。

6. 设置尺寸标注样式比例

如图 7-8 所示，只需将全局比例因子设为 100，线型比例因子设为 1，其他如箭头大小、文字高度等只按最终图纸上的大小设置，不需要再放大 100 倍。

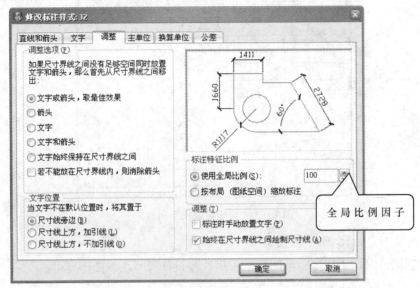

图 7-8　全局比例因子

7. 关于设置图案填充比例

用 Bhatch 命令打开"边界填充"对话框，在"填充图案特性"标签页中设定填充图案类型、填充比例和旋转角度，初步将填充比例设为 1，选择填充边界后出现填充预览如图 7-9 所示。图 7-9（a）情况说明设定的填充比例太小，需要增大比例；图 7-9（b）情况说明设定的填充比例太大，需要减小比例；不断尝试调整比例的大小，图 7-9（c）情况说明设定的填充比例调整已经合适。

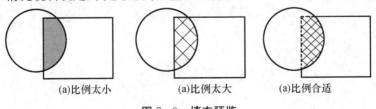

<table>
<tr><td>(a)比例太小</td><td>(a)比例太大</td><td>(a)比例合适</td></tr>
</table>

图 7-9　填充预览

8. 关于线宽的控制

我们国家的工程图样，主要采用线型和线宽不同的图线来表达不同的设计内容，其中线宽控制在 CAD 绘图中是非常重要的。线宽控制方式有两种，分别是绘图过程中通过对 Pline 命令中的"宽度（W）"或"半宽（H）"选项进行设定来控制以及在打印出图时通过指定各种颜色画笔的线宽来控制。

（1）在绘图中利用 Pline 命令控制线宽。比如建筑图，要求最终图纸上的线宽层次分明，一张图里，有 0.13 的细线，有 0.25 的中线，有 0.35 的中粗线，有 0.5 的粗线。

（2）在打印出图时通过指定各种颜色画笔的线宽来控制。如果想要最终图纸上的某条线的线宽为 0.5mm，则需在"打印样式编辑器"对话框中的"编辑线宽"标签页（如图 7-10）中，将该线的颜色所对应的"线宽"设为 0.5。

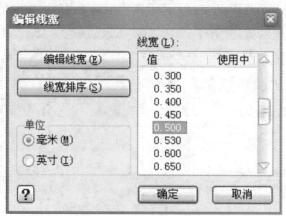

图 7-10   "编辑线宽"标签页

9. 用 1:1 的比例绘制图形

在绘制图形时，不用考虑绘图比例，尽管按设计尺寸绘制图形即可。

10. 关于打印比例

用 Print 命令打开"打印"对话框，将"页面设置"区域中的"纸张"设为 A3 幅面，纸张方向为"横向"，如图 7-11 所示。

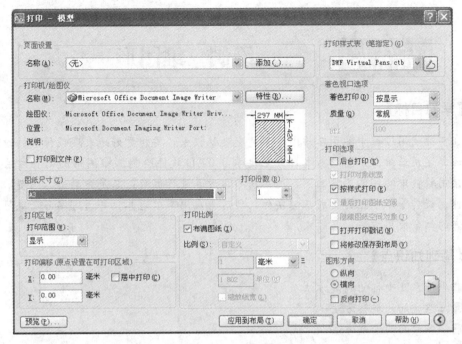

图 7-11　打印设置

实际工程中不可能实物多大就画多大的图纸，也就是说电脑内的图形文件还不是图纸，而仅仅是个图形电子文件，要把它变成实实在在的物理图纸就需要按 $1:n$ 的比例打印出图。

比如建筑图，1：100 打印，就是把长 100 的一条线打印成 1。我们采用公制，也即 1 米就输入 1000，1 毫米输入 1，这样，尽管电子文件上只是图形单位，但我们可以"认为"它真的就是毫米。因此，把图纸比例理解为打印出图比例更为贴切。

【说明】实际打印出图时，也可根据配置的物理打印机来调整设置，还要根据单位的习惯或者个人的习惯，比如有些人就习惯采用窗口方式，以鼠标在图上选定打印区域来打印。

技能训练

1. 图纸视口与模型视口的异同。
2. 打印机配置文件的基本内容和作用。
3. 将绘制的图形输出成 JPG 文件。

任务八　绘制三维图形

【学习目标】

在实际使用过程中鉴于二维图形毕竟直观性较差，要想更好地表现设计者的设计思想，还需运用三维立体图形。本部分主要学习 CAD 软件绘制三维图形的两种方法：一是直接用软件中的实体工具画图，之后用布尔运算进行编辑；二是先画出二维图，再通过拉伸、旋转等命令把其变成三维实体，之后再应用布尔运算。并通过实习及练习，掌握两者的结合使用方法。

【基础知识点】

●坐标系及坐标的确定方法
●三维空间的观察方法
●三维曲面的绘制方法
●三维实体的基本形体绘制方法
●三维实体的逻辑运算
●三维实体的编辑方法

【任务设置】

绘制如图 8-1 所示三维图形。

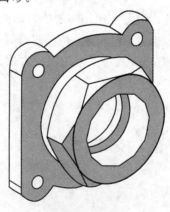

图 8-1　阀盖

模块一　坐标系结构

在绘制三维模型时，经常需要在形体的不同表面上创建图形，默认情况下，系统以世界坐标系（WCS）的（XOY）面为基面进行绘图，这显然不能满足要求，所以用户必须自己定义坐标系，这样才能在不同的三维面上使用二维或三维绘图与编辑命令。AutoCAD 软件坐标系统采用的是笛卡尔坐标系。

一、笛卡尔坐标系统

笛卡尔坐标系统是由相互垂直的 X 轴、Y 轴、Z 轴三个坐标轴组成的，它是利用这三个相互垂直的轴来确定三维空间的点，图中的每个位置都可由相对于称作原点的（0，0，0）坐标系的点来表示，所有的 AutoCAD 2008 图形均使用一个固定的坐标系，称作世界坐标系（WCS），图中每一点均可用世界坐标系的一组特定（X，Y，Z）坐标值代表。也可以在三维空间任意位置定义任一个坐标系，这些坐标系称作用户坐标系（UCS），位于 WCS 的某一位置和某一方向。

AutoCAD 2008 中缺省的坐标系称为世界坐标系（WCS），默认情况下显示在屏幕上的为二维坐标图标。

为了帮助绘制三维图形，可创建任意数目的用户坐标系，存储或重定义它们。通过在 WCS 内定义 UCS，可以用组合二维图元的方式简单地生成三维图元。为了帮助辨认当前坐标系，程序会显示坐标系图标。当打开一张新的图形文件时，程序自动地使用世界坐标系（WCS）并用字母 W 标识图标。当在平面视点展示图形时，坐标系图标将从顶部显示，Z 轴朝向使用者。当不是用平面视点显示三维图形时，坐标系图标将反映视点的改变，如图 8-2 所示。

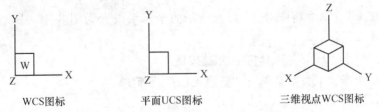

WCS图标　　　　平面UCS图标　　　　三维视点WCS图标

图 8-2　显示在屏幕上的坐标系图标

【提示】轴的可见部分是正方向。

要形象地说明 AutoCAD 2008 工作的三维空间，可使用一种称作右手准则的技巧。如图 8-3（a）所示，掌心向自己，右手捏成拳头，伸出大拇指代表 X 轴正方向，食指向上代表 Y 轴正方向，中指指向自己代表 Z 轴正方向，现在三根指头正好代表了 X、Y 和 Z 的正方向。还可用右手准则来确定旋转正方，如图 8-3（b）所示，用大拇指来代表要旋转的轴的正方向，其他手指弯曲指向拳心，手指弯曲的方向即为旋转正方向。

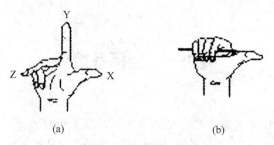

(a)　　　　　　　　　　(b)

图 8-3　右手准则的技巧

二、坐标格式

在二维平面中可以用直角坐标或极坐标两种形式来表示，在三维空间中则有直角坐标、柱坐标和球坐标三种格式，具体格式的含义及表示形式如表 8-1 所示。

表 8-1　直角坐标、柱坐标和球坐标

格式名称	绝对坐标形式	相对坐标形式 （绝对坐标形式前加@）	举　例
直角坐标	[X]，[Y]，[Z]	@ [X]，[Y]，[Z]	3，2，5
极坐标	［距离］＜［角度］	@［距离］＜［角度］	5＜60
柱坐标	［XY 平面上的距离］＜［与 X 轴的夹角］，［Z 轴上的距离］	@［XY 平面上的距离］＜［与 X 轴的夹角］，［Z 轴上的距离］	5＜60，6
球坐标	［距离］＜［与 X 轴的夹角］＜［与 XY 平面的夹角］	@［距离］＜［与 X 轴的夹角］＜［与 XY 平面的夹角］	8＜60＜30
WCS 坐标	坐标形式前加 ＊	@后加 ＊	

三、创建用户坐标系

1. 建立和改变 UCS

通过新建 UCS 命令将图 8-4（a）所示的坐标系设置为图 8-4（b）所示的坐标系。调用方法如下：

工具栏：单击 "UCS" 工具栏中的 ∠ 按钮。

菜单栏：选择 "工具" 菜单→ "新建 UCS" 子菜单。

命令行：输入 UCS 命令。

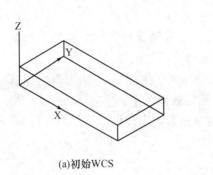

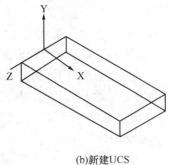

(a)初始WCS　　　　　　　　　(b)新建UCS

图 8-4　新建 UCS

调用 UCS 命令后，AutoCAD 给出提示信息：

指定 UCS 的原点或［面（F）/命名（NA）/对象（OB）/上一个（P）/视图（V）/世界（W）/X/Y/Z/Z 轴（ZA）］：

该提示中各选项含义如下：

对象（OB）：选择此选项后，用户可以使用点选法选择屏幕上已有的形体来确定 UCS 坐标系。用户可以选择的形体及确定坐标系的方式在表 8-2 中列出。

表 8-2　UCS 确定方法

对象	确定 UCS 的方法
圆弧	弧的圆心为坐标原点，X 轴通过靠近选择点的弧的端点
圆	圆的圆心为新的坐标系原点，X 轴通过选择点
尺寸	尺寸文本的中点为新的坐标系原点，X 轴平行于标注尺寸的坐标系的 X 轴
线	靠近选择点的线的端点为新的坐标系原点。中望 CAD 选择新的 X 轴使得该线位于新坐标系的 XZ 平面内（即线的第二个端点的 Y 坐标为 0）
点	该点为新的坐标系的原点
二维多段线	多段线的起点为新坐标系的原点，X 轴方向为从多段线的起点向第二点延伸的方向
二维填充	填充体的第一点为坐标系的原点，X 轴为前两点的连线方向
宽线（lrace）	宽线的 FROM 点为坐标系原点，X 轴位于它的中心线上
三维面	第一点为坐标系原点，X 轴为第一点到第二点的连线方向，第一点到第四点连线为 Y 轴正向方向，两轴遵从右手定则
形、文字、块参照、属性定义	物体的插入点（The insertion point）为坐标系的原点，旋转方向为 X 轴，该物体在新的坐标系的旋转角度为 0

上一个（P）：选择此选项后，用户可以将当前坐标系恢复到前一次所设置的坐标系位置。用户可以连续执行这个命令，直到将坐标系恢复为 WCS 为止。

视图（V）：选择此选项后，用户可以创建新的坐标系，新坐标系 XOY 平面与屏幕

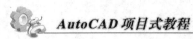

平行，坐标系原点不变。

X/Y/Z：原坐标系坐标平面分别绕 X、Y、Z 轴旋转而形成新的坐标系。输入的角度可以是正值或负值，用右手定则确定绕该轴旋转的正方向。

Z 轴（ZA）：选择此选项后，用户可以在命令行的提示下指定新坐标系原点位置和新坐标系中 Z 轴的正半轴上的一点，从而确定新坐标系。

世界（W）：选择世界坐标系作为当前坐标系，用户可以从任何一种 UCS 坐标系下返回到世界坐标系状态。

模块二　观察视图

在 AutoCAD 的三维空间中，用户可从不同的方向来观察图形，视点就是指观察图形的方向。当用户指定视点后，AutoCAD 将以此作为观察方向，在屏幕上按该方向显示出图形的投影。通过不同的视点，可以观察立体模型的不同侧面和效果。

一、设置视点

对于在 XY 平面上绘制的二维图形而言，为了直接反映图形的真实形状，视点设置在 XY 平面的上方，使观察方向平行于 Z 轴。但在绘制三维图形时，用户往往希望能从各种角度来观察图形的立体效果，这就需要重新设置视点。通常可以采用设置特殊视点、视点预置、视点命令等多种方法来设置视点。

1. 设置特殊视点

AutoCAD 为用户预置了六种正交视图和四种等轴测视图，这些就是特殊视点。用户可以根据这些标准视图的名称直接调用，无须自行定义。

1）命令功能

快捷地进入标准视图。

2）命令输入

工具栏：单击"视图"工具栏中的相应按钮。

菜单栏：选择"视图"菜单→"三维视图"子菜单→"俯视""仰视""左视""右视""主视""后视""西南等轴测""东南等轴测""东北等轴测""西北等轴测"。

命令行：输入 VIEW 命令。

如果用一个立方体代表三维空间中的三维模型，那么各种预置标准视图的观察方向如图 8-5 所示。

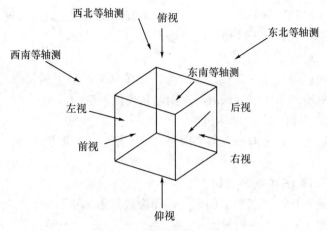

图 8-5　标准视图的观察方向

2. 视点预置命令

1）命令功能

设置三维视图观察方向。

2）命令输入

菜单栏：选择"视图"菜单→"三维视图"子菜单→"视点预置"。

命令行：输入 DDVPOINT 命令。

3）选项说明

调用 DDVPOINT 命令后，AutoCAD 将弹出"视点预置"对话框，如图 8-6 所示。

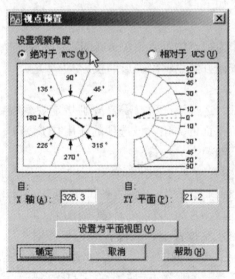

图 8-6　"视点预置"对话框

（1）"绝对于 WCS（W）"和"相对于 UCS（U）"。

该选项分别用来确定是相对于 WCS（世界坐标系）还是 UCS（用户坐标系）设置视点。在对话框的图像框中，左边类似于钟表的图像用于确定原点、视点之间的连线在

XY 平面的投影与 X 轴正方向的夹角，右边的半圆形图像用于确定该连线与投影线之间的夹角，用户在希望设置的角度位置处单击即可。

（2）"自：X 轴（A）"文本框。

该选项指视线（即视点到观察目标的连线）在 XY 平面上的投影与 X 轴正向的夹角。用户在文本框输入角度值，该值与左图的角度值对应。

（3）"自：XY 平面（P）"文本框。

该选项指视线与 XY 平面的夹角。用户在文本框输入角度值，该值与右图的角度值对应。

（4）"设为平面视图（V）"按钮。

该选项表示设置视线与 XY 平面垂直，即视线与 XY 平面的夹角为 90°。此时，相对于当前坐标系实体显示为平面视图。

3. 视点命令

1）命令功能

设置图形的三维直观观察方向。

2）命令输入

菜单栏：选择"视图"菜单→"三维视图"子菜单→"视点"。

命令行：输入 VPOINT 命令。

3）选项说明

调用 VPOINT 命令后，AutoCAD 给出提示信息：

指定视点或［旋转（R）］＜显示坐标球和三轴架＞：

该提示中各选项含义如下：

（1）指定视点。

通过用户指定一点作为视点位置后，AutoCAD 将该点与坐标原点的连线方向作为观察方向，并在屏幕上按该方向显示出图形的投影。

（2）旋转。

根据角度来设置视点。选择该选项，需要分别指定观察视线在 XY 平面中与 X 轴的夹角和观察视线与 XY 平面的夹角，该选项的作用与 DDVPOINT 命令相同。

（3）显示坐标球和三轴架。

AutoCAD 可显示出图 8-7 所示的坐标球和三轴架，用户可以使用它们来动态地定义视口的观察方向。坐标球表示为一个展平了的地球，指南针的中心点表示北极（0，0，1），内环表示赤道（n，n，0），外环表示南极（0，0，−1）。可使用定点设备将十字光标移动到球体的任意位置上，该位置决定了相对于 XY 平面的视角。单击的位置与中心点的关系决定了与 Z 轴的夹角。当移动光标时，三轴架根据指南针指示的观察方向旋转。如果要旋转一个观察方向，请将定点设备移动到球体的一个位置上，然后单击确定。

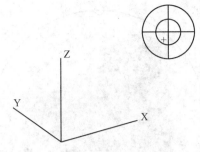

图 8－7　VPOINT 的坐标球和三轴架

二、动态观察器

动态观察器是 AutoCAD 中使用方便、功能强大的一种三维观察工具，通过该命令可以在当前视口中创建一个三维视图，用户可以使用鼠标来实时地控制和改变这个视图，以得到不同的观察效果。使用动态观察器，既可以查看整个图形，也可以查看模型中任意对象，在建模过程中能够满足几乎所有的观察要求。

动态观察器包含三个命令，分别是受约束的动态观察命令、自由动态观察命令、连续观察命令。

受约束的动态观察：沿 XY 平面或 Z 轴约束三维动态观察。它的调用命令是 3DORBIT。

自由动态观察：不参照平面，在任意方向上进行动态观察。沿 XY 平面和 Z 轴进行动态观察时，视点不受约束。它的调用命令是 3DFORBIT。

连续动态观察：连续自动地进行动态观察。在要使连续动态观察移动的方向上单击并拖动，然后释放鼠标按钮，轨道沿该方向继续移动。它的调用命令是 3DCORBIT。

1．命令功能

在当前视图中动态地、交互地操纵三维对象的视图。

2．命令输入

工具栏：单击"动态观察"工具栏中的 按钮。

菜单栏：选择"视图"菜单→"动态观察"子菜单→"自由动态观察"。

命令行：输入 3DFORBIT 命令。

3．命令说明

当执行了该命令后，图形中就会出现如图 8－8 所示的动态观察器转盘。按住鼠标左键移动光标可以拖动视图旋转，当光标移动到弧线球的不同部位时，可以用不同的方式旋转视图。

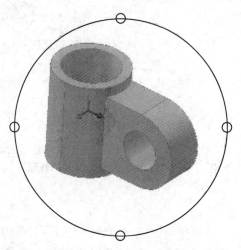

图 8—8　　动态观察器转盘

（1）当光标在弧线球内时，光标图标显示为两条封闭曲线环绕的小球体，此时视线从球面指向球心，按住左键拖动光标可沿任意方向旋转视图，从球面不同位置上观察对象。

（2）当光标在弧线球外，光标图标变成环形箭头。当按住左键绕着弧线球移动光标时，视图绕着通过球心并垂直于当前视口平面的轴转动。

（3）当光标置于弧线球左或右两个小圆中时，光标图标变成水平椭圆。如果在按住左键的同时移动光标，视图将绕着通过弧线球中心的垂直轴转动。

（4）当光标置于弧线球上或下两个小圆中时，光标图标变成垂直椭圆。如果在按住左键的同时移动光标，视图将绕着通过弧线球中心的水平轴转动。

三、三维图像的消隐与着色

1. 三维图像的消隐

用于隐藏面域或三维实体被挡住的轮廓线。调用方法如下：

工具栏：单击"渲染"工具栏中的 按钮。

菜单栏：选择"视图"菜单→"消隐"。

命令行：输入 HIDE 命令。

2. 三维图像的视图样式

1）示例

利用不同的视图样式产生如图 8—9 所示的显示效果。

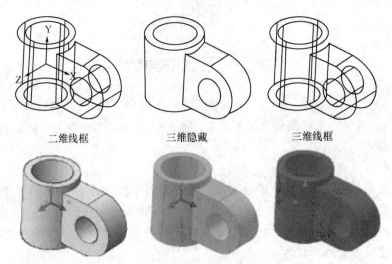

二维线框　　　　　三维隐藏　　　　　三维线框

图8—9 不同的视图样式产生的显示效果

2) 命令功能

能根据观察角度确定各个面的相对亮度，产生更逼真的立体效果，还可以以某种颜色在三维实体表面和边上色。

3) 命令输入

工具栏：单击"视图样式"工具栏相应按钮。

菜单栏：选择"视图"菜单→"视图样式"子菜单。

命令行：输入 SHADEMODE 命令。

4) 选项说明

调用 SHADEMODE 命令后，AutoCAD 给出提示信息：

[二维线框（2）/三维线框（3）/三维隐藏（H）/真实（R）/概念（C）/其他（O）]＜二维线＞：

该提示中各选项含义如下：

（1）二维线框（2）：以直线和曲线来显示对象的边界，光栅和 OLE 对象、线型和线宽都是可见的。

（2）三维线框（3）：以直线和曲线来显示对象的边界，显示一个已着色的三维 UCS 图标。

（3）三维隐藏（H）：以三维线框显示对象，并隐藏背面不可见的轮廓。

（4）真实（R）：在对象的多边形面间进行阴影着色。

（5）概念（C）：在对象的多边形面间进行阴影着色，并进行圆滑。

（6）其他（O）：表示可以对上述已经定义的五种样式或自定义样式任意自行选择。

5) 完成示例

输入 SHADEMODE 命令，输入相应选项，则可产生如图8—9所示的效果。

模块三　三维曲面绘制

AutoCAD 中的三维对象分为线框对象、曲面对象和实体对象，每种类型的对象的特点和作用都不同。

三维线框对象概述。

线框对象是指用点、直线、曲线表示三维对象边界的 AutoCAD 对象。使用线框对象构建三维模型，可以很好地表现出三维对象的内部结构和外部形状，但不能支持隐藏、着色和渲染等操作。此外，由于构成线框模型的每个对象都必须单独绘制和定位，因此，这种建模方式最费时。

在 AutoCAD 中构建线框模型时，可以使用三维多段线、三维样条曲线等三维对象，也可以通过变换 UCS 在三维空间中创建二维对象。

虽然构建线框模型较为复杂，且不支持着色、渲染等操作，但使用线框模型具有以下几种作用：

（1）在任何有利位置查看模型。

（2）自动生成标准的正交和辅助视图。

（3）易于生成分解视图和透视图。

（4）便于分析空间关系。

三维曲面对象概述。

曲面对象比线框对象要复杂一些，因为曲面对象不仅包括对象的边界，还包括对象的表面。由于曲面对象具有面的特性，因此曲面对象支持隐藏、着色和渲染等功能。在 AutoCAD 中，曲面对象是使用多边形网格来定义的，因此 AutoCAD 的曲面对象并不是真正的曲面，而是由网格近似表示的。

由于曲面是由网格近似得到的，因此网格的密度决定了曲面的光滑程度。网格的密度越大，曲面越光滑，但同时也使数据量大大增加。用户可根据实际情况指定网格的密度。网格的密度由包含 M×N 个顶点的矩阵决定，类似于用行和列组成栅格，M 和 N 分别指定网格顶点的列和行的数量。

AutoCAD 提供了多种预定义的三维曲面对象，包括长方体表面、楔体表面、棱锥面、圆锥面、球面、下半球面、上半球面、圆环面和网格等。输入命令 3D 后，出现提示信息"〔长方体表面（B）/圆锥面（C）/下半球面（DI）/上半球面（DO）/网格（M）/棱锥面（P）/球面（S）/圆环面（T）/楔体表面（W）〕:"，选择相应的选项，则可创建对应的三维曲面了。

除了预定义的三维曲面对象之外，AutoCAD 还提供多种创建网格曲面的方法。用户可以将二维对象进行延伸和旋转以定义新的曲面对象，也可以将指定的二维对象作为边界定义新的曲面对象。

三维实体对象概述。

与线框对象和曲面对象相比，实体对象不仅包括对象的边界和表面，还包括对象的体积，因此具有质量、体积和质心等质量特性。

使用实体对象构建模型比线框和曲面对象更加容易，而且信息完整，歧义最少。此外，还可以通过 AutoCAD 输出实体模型的数据，提供给计算机辅助制造程序使用或进行有限元分析。

AutoCAD 提供了多种预定义的三维实体对象，包括长方体、圆锥体、圆柱体、球体、楔体和圆环体等，如图 8-10 所示。

图 8-10 预定义的三维实体对象

除了预定义的三维实体对象之外，还可以将二维对象延伸和旋转以定义新的实体对象，也可以使用并、差、交等布尔操作创建各种组合实体。而对于已有的实体对象，AutoCAD 提供各种修改命令，可以对实体进行圆角、切割等操作，并可以修改实体对象的边、面、体等组成元素。

一、创建基本三维曲面

在 AutoCAD 中，用户可以方便地绘制长方体表面、圆锥面、下半球面、上半球面、网格、棱锥面、球面、圆环面、楔体表面等基本曲面对象。

1. 命令功能

通过该命令，可以创建基本的三维曲面。

2. 命令输入

命令行：输入 3D 命令。

3. 选项说明

调用 3D 命令后，AutoCAD 给出提示信息：

［长方体表面（B）/圆锥面（C）/下半球面（DI）/上半球面（DO）/网格（M）/棱锥面（P）/球面（S）/圆环面（T）/楔体表面（W）］：

该提示中各选项含义如下：

长方体表面：创建三维长方体表面多边形网格。

圆锥面：创建圆锥状多边形网格。

下半球面：创建球状多边形网格的下半部分。

上半球面：创建球状多边形网格的上半部分。

网格：创建平面网格，其 M 向和 N 向的大小决定了沿这两个方向绘制的直线数目。M 向和 N 向与 XY 平面的 X 和 Y 轴类似。

棱锥面：创建一个棱锥面或四面体表面。

球面：创建球状多边形网格。

圆环面：创建与当前 UCS 的 XY 平面平行的圆环状多边形网格。

楔体表面：创建一个直角楔状多边形网格，其斜面沿 X 轴方向倾斜。

二、创建三维面

1. 示例

通过三维面命令创建图 8-11 所示的图形。

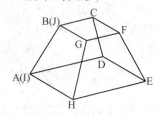

图 8-11　创建三维面

2. 命令功能

创建三维面。三维面可以是三维空间中的任意位置上的三边或四边表面，形成三维面的每个顶点都是三维点。

3. 命令输入

菜单栏：选择"绘图"菜单→"建模"子菜单→"网格"子菜单→"三维面"。
命令行：输入 3DFACE 命令。

4. 选项说明

调用 3DFACE 命令后，此时 AutoCAD 命令提示窗口依次提示：
指定第一点或〔不可见（I）〕：
指定第二点或〔不可见（I）〕：
指定第三点或〔不可见（I）〕＜退出＞：
指定第四点或〔不可见（I）〕＜创建第三侧面＞：
指定第三点或〔不可见（I）〕＜退出＞：
……

如果用户在指定某点之前选择了"不可见"项，则该点与下一点之间的连线将不可见。

如果用户在指定第 3 点时选择"退出"项，则结束该命令，否则将提示用户指定第 4 点，系统将根据用户指定的 4 个点创建一个三维面对象。指定第 4 点后，继续指定点，则继续创建的三维面第 1、2 点为前面创建的第 3、4 点。

5. 完成示例

操作步骤：

（1）选择"绘图"菜单下"建模"→"网格"→"三维面"子菜单或输入"3DFACE"命令。

（2）在命令行中依次输入三维面上点坐标 A（80，50，0）、B（90，80，50）、C（90，120，50）、D（80，140，0）、E（160，140，0）、F（140，120，50）、

G（140，80，50）、H（160，50，0）、I（80，50，0）、J（90，80，50），最后再按回车键结束绘制三维面。

三、创建三维网格面

1．示例

通过三维网格面命令创建图 8-12 所示的图形。

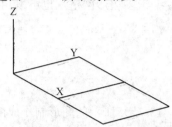

图 8-12　创建三维网格面

2．命令功能

创建三维网格面。该命令用矩阵来定义一个多边形网格，该矩阵大小由 M 向和 N 向网格数决定。

3．命令输入

菜单栏：选择"绘图"菜单→"建模"子菜单→"网格"子菜单→"三维网格"。

命令行：输入 3DMESH 命令。

4．选项说明

调用 3DMESH 命令后，此时命令行提示窗口依次提示：

输入 M 方向上的网格数量：

输入 N 方向上的网格数量：

需要用户依次指定 M 向和 N 向的网格数，然后命令行接着提示：

指定顶点（0，0）的位置：

指定顶点（0，1）的位置：

...

指定顶点（M-1，N-1）的位置：

需要用户依次指定定义网格的各个顶点的坐标。AutoCAD 会根据上述的设置自动生成一组多边形网格曲面。

5．完成示例

（1）选择"绘图"菜单下"建模"→"网格"→"三维网格"子菜单或输入"3DMESH"命令。

（2）输入 M 方向上的网格数量：（3，✓）。

输入 N 方向上的网格数量：（2，✓）。

（3）指定顶点（0，0）的位置：（0，0，✓）。

指定顶点（0，1）的位置：（0，10，✓）。

指定顶点（1, 0）的位置：(10, 0 , ✓)。

指定顶点（1, 1）的位置：(10, 10 , ✓)。

指定顶点（2, 0）的位置：(20, 0 , ✓)。

指定顶点（2, 1）的位置：(20, 10 , ✓)。

（4）设置适当的视点，以便观察图形。效果如图 8-12 所示。

多边形网格顶点的行、列序号均从零开始，在两个方向上所允许的最大网格面顶点数为 256，可以用 PEDIT 命令编辑多边形网格，也可以用 EXPLODE 命令把它分解为许多的小平面。

四、创建旋转曲面

1. 示例

通过旋转曲面命令将图 8-13（a）所示的图形制作成图 8-13（b）所示的图形。

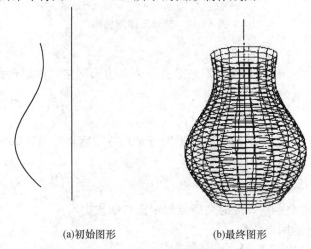

(a)初始图形   (b)最终图形

图 8-13　创建旋转曲面

2. 命令功能

创建旋转曲面。旋转曲面是指在 AutoCAD 中，由一条轨迹曲线绕某一个轴旋转生成一个用三维网格表示的回转面。若旋转 360°，则生成一个封闭的回转面。

3. 命令输入

菜单栏：选择"绘图"菜单→"建模"子菜单→"网格"子菜单→"旋转网格"。

命令行：输入 REVSURF 命令。

4. 选项说明

调用 REVSURF 命令后，此时命令行提示窗口依次提示：

当前线框密度：SURFTAB1＝6　SURFTAB2＝6

选择要旋转的对象：

选择定义旋转轴的对象：

指定起点角度＜0＞：

指定包含角（＋＝逆时针，－＝顺时针）＜360＞：

需要用户依次选择旋转对象、定义旋转轴的对象，指定旋转的起始角度和旋转曲面的包含角。

当前线框密度是指生成图形网格的密度，它是由命令 SURTTAB1、SURTTAB2 来设置的，数值越大，网格的密度就越大。旋转曲面沿旋转方向的分段数由系统变量 SURFTAB1 确定，沿旋转轴方向的分段数由系统变量 SURTTAB2 确定，它们的默认值均为 6。

5. 完成示例

（1）输入命令：（SURFTAB1 ，✓）。

输入 SURFTAB1 的新值<6>：（20 ，✓）。

（2）输入命令：（SURFTAB2 ，✓）。

输入 SURFTAB2 的新值<6>：（30 ，✓）。

（3）输入命令：（REVSURF ，✓）。

当前线框密度：SURFTAB1＝20　SURFTAB2＝30。

选择要旋转的对象：（选中曲线）。

选择定义旋转轴的对象：（选中直线）。

指定起点角度<0>：（✓）。

指定包含角（＋=逆时针，－=顺时针）<360>：（✓）。

（4）设置适当的视点，以便观察图形。效果如图 8-13（b）所示。

在绘制旋转曲面时，应首先绘出旋转对象和旋转轴。旋转对象可以是直线段、圆弧、圆、样条曲线、二维多段线、三维多段线等对象，旋转轴则可以是直线段、二维多段线、三维多段线等对象。如果将多段线作为旋转轴，则其首尾端点连线为旋转轴。

五、创建平移曲面

1. 示例

通过平移曲面命令将图 8-14（a）所示的图形制作成图 8-14（b）所示的图形。

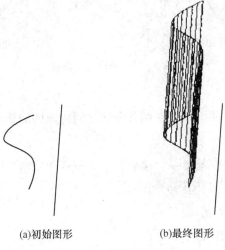

(a)初始图形　　　　(b)最终图形

图 8-14　创建平移曲面

2．命令功能

创建平移曲面。平移曲面是指将轮廓曲线沿方向矢量平移后构成的曲面。

3．命令输入

菜单栏：选择"绘图"菜单→"建模"子菜单→"网格"子菜单→"平移网格"。
命令行：输入 TABSURF 命令。

4．完成示例

（1）输入 TABSURF 命令。

（2）选择用作轮廓曲线的对象：（曲线）。

选择用作方向矢量的对象：（直线）。

（3）设置适当的视点，以便观察图形。

【说明】在绘制平移曲面时，需要事先绘出作为轮廓曲线和方向矢量的对象。作为轮廓曲线的对象可以是直线段、圆弧、圆、样条曲线、二维多段线、三维多段线等，作为方向矢量的对象则可以是直线段或非闭合的二维多段线、三维多段线等。平移曲面的分段数由系统变量 SURFTAB1 确定。

六、创建直纹曲面

1．示例

可以通过直纹曲面命令将图 8-15（a）所示的图形制作成图 8-15（b）所示的图形。

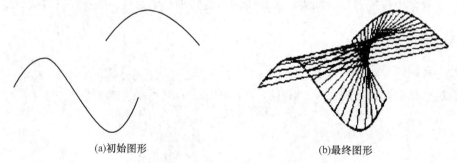

(a)初始图形   (b)最终图形

图 8-15　创建直纹曲面

2．命令功能

创建直纹曲面。直纹曲面是指在两条曲线之间构成的曲面。

3．命令输入

菜单栏：选择"绘图"菜单→"建模"子菜单→"网格"子菜单→"直纹网格"。
命令行：输入 RULESURF 命令。

4．完成示例

（1）输入 RULESURF 命令。

（2）选择用于定义曲面的两条曲线。

（3）设置适当的视点，以便观察图形。效果如图 8−15（b）所示。

在绘制直纹曲面时，需要事先绘出用来绘制直纹曲面的曲线，这些曲线可以是直线段、圆弧、圆、样条曲线、二维多段线、三维多段线等对象。对于两条曲线来说，如果一条曲线是封闭的，另一条曲线也必须是封闭的或为一个点。直纹曲面的分段数由系统变量 SURFTAB1 确定。

AutoCAD 总是从离拾取点近的一端开始绘制直纹曲面。因此，对于同样的两条曲线当在选择曲线提示时，从不同的位置选择曲线，会得到不同的效果。

模块四　三维实体图形绘制

一、基本三维实体创建

AutoCAD 提供了一系列预定义的基本三维实体对象，如长方体、球体、圆柱体、圆环体、圆锥体等，为这些对象提供了各种常用的、规则的三维模型组件。用户可以使用下拉菜单"绘图"→"建模"子菜单中的命令或建模工具栏来绘制这些曲面。

1. 创建长方体实体

1）命令功能

创建长方体实体。

2）命令输入

工具栏：单击"建模"工具栏中的 按钮。

菜单栏：选择"绘图"菜单→"建模"子菜单→"长方体"。

命令行：输入 BOX 命令。

3）选项说明

调用 BOX 命令后，命令行给出提示信息：

指定第一个角点或〔中心（C）〕：

该提示中两个选项含义如下：

（1）指定第一个角点。

此为默认项，确定长方体第一个角点位置，确定角点位置后，命令行接着提示：

指定其他角点或〔立方体（C）／长度（L）〕：

① 指定其他角点。

确定长方体第二个角点位置。用户响应后，如果该角点与第一角点的 Z 坐标不一样，AutoCAD 以这两个角点作为长方体的对顶点绘出长方体。如果第二个角点与第一个角点位于同一高度，命令行继续提示：

指定高度：

用户在该提示下输入长方体的高度值，即可绘制出长方体。

② 立方体（C）。

创建立方体对象。选择该选项，命令行接着提示：

指定长度：

需要用户输入立方体的边长即可。

③ 长度（L）。

根据长方体的长、宽、高创建长方体。选择该选项，命令行接着依次提示：

指定长度：

指定高度：

指定宽度：

需要用户输入长方体的长度值、宽度值和高度值。

（2）中心（C）。

根据长方体的中心点位置绘制长方体。选择该选项，命令行接着提示：

指定长方体的中心点：

需要用户指定长方体的中心点位置。然后命令行接着提示：

指定角点或 ［立方体（C）／长度（L）］：

该提示中各选项的含义同前所述。

使用 BOX 命令创建的长方体实体的各边分别与当前 UCS 的 X 轴、Y 轴、Z 轴平行。

命令行提示输入长度、宽度和高度时，输入的值可正可负。正值表示沿相应的坐标轴的正方向创建长方体，负值表示沿相应的坐标轴负方向创建长方体。

2. 创建球体

1）命令功能

创建球体。

2）命令输入

工具栏：单击“建模”工具栏中的按钮。

菜单栏：选择“绘图”菜单→“建模”子菜单→“球体”。

命令行：输入 SPHERE 命令。

3）选项说明

调用 SPHERE 命令后，命令行给出提示信息：

指定中心点或 ［三点（3P）／两点（2P）／相切、相切、半径（T）］：

该提示中的各选项含义如下：

（1）中心点。

指定球体的中心点。

指定中心点后，将放置球体以使其中心轴与当前用户坐标系（UCS）的 Z 轴平行。纬线与 XY 平面平行。然后命令行会自动提示用户输入球体的半径或直径。

（2）三点（3P）。

通过在三维空间的任意位置指定三个点来定义球体的圆周。三个指定点也可以定义圆周平面。

（3）两点（2P）。

通过在三维空间的任意位置指定两个点作为直径来定义球体的圆周。第一点的 Z 值定义圆周所在平面。

（4）相切、相切、半径（T）。

定义具有指定半径，且与两个指定对象相切的球体。

3. 创建圆柱体

1）命令功能

创建圆柱体。

2）命令输入

工具栏：单击"建模"工具栏中的 按钮。

菜单栏：选择"绘图"菜单→"建模"子菜单→"圆柱体"。

命令行：输入 CYLINDER 命令。

3）选项说明

调用 CYLINDER 命令后，命令行给出提示信息：

指定底面的中心点或［三点（3P）/两点（2P）/相切、相切、半径（T）/椭圆（E）］：

该提示中的各选项含义如下：

（1）指定底面的中心点。

需要用户指定圆柱体基面的中心点位置。在该提示下直接指定一点后，命令行接着依次提示：

指定圆柱体底面的半径或［直径（D）］：

指定圆柱体高度或［另一个圆心（C）］：

需要用户指定圆柱体的半径或直径以及圆柱体的高度。圆柱体的中心线与当前 UCS 的 Z 轴平行。

如果在"指定圆柱体高度或［另一个圆心（C）］："提示下选择"另一个圆心（C）"选项，命令行接着提示：

指定圆柱体的另一圆心：

需要用户指定圆柱体另一端面上的中心位置。用户响应后，AutoCAD 创建出圆柱体，且两中心点的连线方向为圆柱体的轴线方向。

（2）三点（3P）。

通过指定三个点来定义圆柱体的底面圆周。

（3）两点（2P）。

通过指定两个点来定义圆柱体的底面直径。

（4）相切、相切、半径（T）。

定义具有指定半径，且与两个指定对象相切的圆柱体底面。

（5）椭圆（E）。

创建椭圆柱体，即截面轮廓是椭圆。选择该选项，命令行接着提示：

选择圆柱体底面椭圆的轴端点或 ［中心点（C）］：

该提示要求用户确定基面上的椭圆形状，其操作过程与绘制椭圆相似。确定圆柱体底面后，命令行接着提示：

指定圆柱体高度或 ［另一个圆心（C）］：

在此提示下确定圆柱体的高度或另一个端面的圆心位置即可。

4．创建圆锥体

1）命令功能

创建圆锥体。

2）命令输入

工具栏：单击"建模"工具栏中的 按钮。

菜单栏：选择"绘图"菜单→"建模"子菜单→"圆锥体"。

命令行：输入 CONE 命令。

3）选项说明

调用 CONE 命令后，命令行给出提示信息：

指定底面的中心点或 ［三点（3P）/两点（2P）/相切、相切、半径（T）/椭圆（E）］：

该提示中的各选项含义同"CYLINDER"命令。

5．创建楔体

1）示例

可以通过楔体命令创建图 8-16 所示的图形。

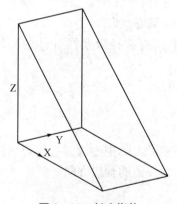

图 8-16　创建楔体

2）命令功能

创建楔体。

3）命令输入

工具栏：单击"建模"工具栏中的 按钮。

菜单栏：选择"绘图"菜单→"建模"子菜单→"楔体"。

命令行：输入 WEDGE 命令。

4）选项说明

调用 WEDGE 命令后，AutoCAD 给出提示信息，提示中的各选项含义同"BOX"命令。

5）完成示例

操作步骤：

（1）选择"绘图"菜单下"建模"→"楔体"子菜单或输入"WEDGE"命令。

（2）指定楔体的角点或［中心点（C）］：（0，0，0，↙）。

指定其他角点或［立方体（C）/长度（L）］：（L，↙）。

指定长度：（200，↙）。

指定宽度：（100，↙）。

指定高度：（160，↙）。

（3）设置适当的视点，以便观察图形。效果如图 8-16 所示。

6. 创建圆环体

1）示例

可以通过圆环体命令创建图 8-17 所示的图形。

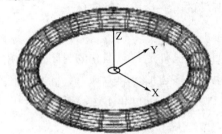

图 8-17 创建圆环体

2）命令功能

创建圆环体。

3）命令输入

工具栏：单击"建模"工具栏中的 按钮。

菜单栏：选择"绘图"菜单→"建模"子菜单→"圆环体"。

命令行：输入 TORUS 命令。

4）选项说明

调用 TORUS 命令后，命令行给出提示信息：

指定中心点或［三点（3P）/两点（2P）/相切、相切、半径（T）］：

该提示中的各选项含义如下：

（1）三点（3P）：用指定的三个点定义圆环体的圆周。三个指定点也可以定义中心圆圆周所在平面。

（2）两点（2P）：用指定的两个点定义圆环体中心圆的圆周。第一点的 Z 值定义圆周所在平面。

（3）相切、相切、半径（T）：定义具有指定半径，且与两个指定对象相切的圆环体。

直接输入中心点位置后，命令行继续提示：

指定圆环体半径或［直径（D）］：

指定圆管半径或［直径（D）］：

用户依次指定圆环体中心圆的半径或直径及圆管的半径或直径即可。

5）完成示例

（1）选择"绘图"菜单下"建模"→"圆环体"子菜单或输入"TORUS"命令。

（2）指定中心点或［三点（3P）/两点（2P）/相切、相切、半径（T）］：(0，0，0，✓)。

指定圆环体半径或［直径（D）］：(40，✓)。

指定圆管半径或［直径（D）］：(5，✓)。

（3）设置适当的视点，以便观察图形。效果如图8-17所示。

二、面域拉伸实体创建方法

用户除了可以利用基本形体的组合产生三维实体模型外，还可以采用拉伸二维对象或将二维对象绕指定轴线旋转的方法生成三维实体。

1. 创建面域

面域是一个没有厚度的面，其外形与包围它的封闭边界相同。组成边界的对象可以是直线、多段线、宽线、矩形、多边形、圆、圆弧、椭圆、椭圆弧、样条曲线等。面域可用于填充和着色、提取设计信息、进行布尔运算等。

1）示例

可以通过创建面域命令将图8-18（a）所示的图形制作成图8-18（b）所示的图形。

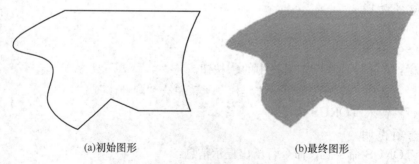

(a)初始图形　　　　　　　　　　　(b)最终图形

图8-18　图形创建面域

2）命令功能

使用形成封闭环的二维对象创建二维面域。

3）命令输入

命令行：输入 REGION 命令。

4）完成示例

（1）输入 REGION 命令。

（2）选取对象：在此提示下选择要创建的二维面域的形成封闭环的对象，然后按回车键或右键确认。如图 8-18 所示的封闭环由直线、圆弧、多段线和样条曲线等四个对象组成，可以对其创建面域。

已创建成面域的封闭环从外观上看不出变化，此时通过单击三维显示命令中的面着色命令即可看出变化。

2. 利用 EXTRUDE 创建拉伸实体模型

用于将二维的闭合多段线或面域沿指定路径或给定高度和倾角拉伸成三维实体。但不能拉伸三维对象、包含块的对象、有交叉或横断部分的多段线和非闭合的多段线。

1）调用方法

工具栏：单击"建模"工具栏中的█按钮。

菜单栏：选择"绘图"菜单→"建模"子菜单→"拉伸"子菜单。

命令行：输入 EXTRUDE 命令。

2）选项说明

调用 EXTRUDE 命令后，命令行给出提示信息：

当前线框密度：ISOLINES=4

选择对象：（选择欲拉伸的对象）

选择对象：

指定拉伸的高度或〔方向（D）/路径（P）/倾斜角（T）〕：

该提示中各选项含义如下：

（1）指定拉伸的高度：使二维对象按指定的拉伸高度和倾角生成三维实体。

（2）方向（D）：通过指定的两点指定拉伸的长度和方向。

（3）路径（P）：使二维对象沿指定路径拉伸成三维实体。选取该选项后，后续提示为：

选择拉伸路径：

路径可以是直线、圆、圆弧、椭圆、椭圆弧、二维多段线、样条曲线等。作为路径的对象不能与被拉伸的对象位于同一平面，其形状也不应过于复杂。

相同的二维对象沿不同的路径或不同的二维对象沿相同的路径拉伸，生成的三维模型均不相同。

（4）倾斜角（T）：指定拉伸的倾斜角度，它的值介于-90°和 +90°之间。

3. 布尔运算

布尔运算是通过并、差、交等运算将两个或两个以上已有简单实体组合成新的复杂实体，在 AutoCAD 绘图中，特别是在绘制一些比较特殊的、复杂的图形时，运用布尔运算对提高绘图效率具有很大作用。布尔运算包括并集运算、差集运算和交集运算。

1）并集运算

在 AutoCAD 中，对于已有的两个或多个实体对象，可以使用并集命令将其合并为一个组合的实体对象，新生成的实体包含了所有源实体对象所占据的空间。这种操作称为实体的并集运算。

（1）示例。

可以通过并集运算命令将图 8－19（a）所示的图形制作成图 8－19（b）所示的图形。

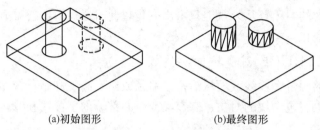

(a)初始图形　　　　　　　　(b)最终图形

图 8－19　并集运算

（2）命令功能。

并集运算可以将两个或多个实体合并为一个实体。

（3）命令输入。

工具栏：单击"实体编辑"工具栏中的 按钮。

菜单栏：选择"修改"菜单→"实体编辑"子菜单→"并集"子菜单。

命令行：输入 UNION 命令。

（4）选项说明。

调用 UNION 命令后，命令行给出提示信息：

选择对象：

选择对象：

创建实体的并集时，AutoCAD 连续提示用户选择多个对象进行合并，按回车键后结束选择。用户至少要选择两个以上的实体对象才能进行并集操作。

无论所选择的实体对象是否具有重叠的部分，都可以使用并集操作将其合并为一个实体对象。其中如果源实体对象有重叠部分，则合并后的实体将删除重叠处多余的体积和边界。

利用实体并集可以轻松将多个不同实体组合起来，构成各种复杂的实体对象。

（5）完成示例。

操作步骤：

①选择"修改"菜单下"实体编辑"→"并集"子菜单或输入"UNION"命令。

②选择对象：（选择长方体，↙）。

③选择对象：（选择两个圆柱体，↙）。

④输入命令（HIDE，↙）。

⑤设置适当的视点，以便观察图形。效果如图 8－19 所示。

2）差集运算

在 AutoCAD 中，可以将一组实体的体积从另一组实体中减去，剩余的体积形成新的组合实体对象。这种操作称为实体的差集运算。

（1）示例。

可以通过差集运算命令将图 8－20（a）所示的图形制作成图 8－20（b）所示的

图形。

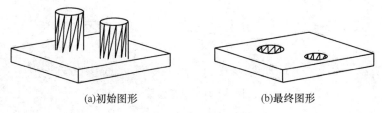

(a)初始图形　　　　　　　　(b)最终图形

图8-20 差集运算

(2)命令功能。

从一个实体中减去一个或多个实体。

(3)命令输入。

工具栏：单击"实体编辑"工具栏中的按钮。

菜单栏：选择"修改"菜单→"实体编辑"子菜单→"差集"子菜单。

命令行：输入 SUBTRACT 命令。

(4)选项说明。

调用 SUBTRACT 命令后，命令行给出提示信息：

选择要从中减去的实体或面域…

选择对象：

选择对象：

选择要减去的实体或面域…

选择对象：

选择对象：

创建实体的差集时，首先需要构造被减去的实体选择集 A，并按回车键结束选择后再构造要减去的实体选择集 B，然后按回车键结束选择，此时 AutoCAD 将删除实体选择集 A 中与实体选择集 B 重叠的部分体积以及选择集 B，并由选择集 A 中剩余的体积生成新的组合实体。利用实体差集可以很容易地进行削切、钻孔等操作，便于形成各种复杂的实体表面。

(5)完成示例。

①选择"修改"菜单下"实体编辑"→"差集"子菜单或输入"SUBTRACT"命令。

②选择要从中减去的实体或面域，选择对象：(选择长方体，↙)。

③选择要减去的实体或面域，选择对象：(选择两个圆柱体，↙)。

④输入命令（HIDE，↙)。

⑤设置适当的视点，以便观察图形。效果如图8-20所示。

3）交集运算

在 AutoCAD 中，可以提取一组实体的公共部分，并将其创建为新的组合实体对象。这种操作称为实体的交集运算。

(1)示例。

可以通过交集运算命令将图8-21（a）所示的图形制作成图8-21（b）所示的

图形。

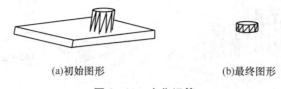

     (a)初始图形   (b)最终图形

图 8-21 交集运算

（2）命令功能。

创建多个实体的交集，即从两个或多个实体中抽取重叠的部分。

（3）命令输入。

工具栏：单击"实体编辑"工具栏中的 按钮。

菜单栏：选择"修改"菜单→"实体编辑"子菜单→"交集"子菜单。

命令行：输入 INTERSECT 命令。

（4）选项说明。

调用 INTERSECT 命令后，命令行给出提示信息：

选择对象：

选择对象：

创建实体的交集时，至少要选择两个以上的实体对象才能进行交集操作。如果选择的实体具有公共部分，则 AutoCAD 根据公共部分的体积创建新的实体对象，并删除所有源实体对象。如果选择的实体不具有公共部分，则 AutoCAD 将其全部删除。

（5）完成示例。

①选择"修改"菜单下"实体编辑"→"交集"子菜单或输入"INTERSECT"命令。

②选择对象：（选择长方体，✓）。

③选择对象：（选择圆柱体，✓）。

④输入命令（HIDE，✓）。

⑤设置适当的视点，以便观察图形。效果如图 8-21 所示。

模块五　编辑三维实体

一、对象的三维操作

与二维阵列、镜像和旋转等操作类似，AutoCAD 也提供了在三维空间中进行阵列、镜像和旋转等命令，此外还可以通过一系列的移动、缩放和旋转操作将两个三维对象按指定的方式对齐。这些三维操作命令适用于三维空间中的任意对象。

1. 三维阵列

1) 命令功能

在 AutoCAD 中，可以使用三维阵列命令在三维空间中创建指定对象的多个副本，并按指定的形式排列。同二维阵列命令相似，三维阵列命令也可以生成矩阵阵列和环形阵列，而且可以进行三维阵列。

2) 命令输入

菜单栏：选择"修改"菜单→"三维操作"子菜单→"三维阵列"子菜单。

命令行：输入 3DARRAY 命令。

3) 选项说明

调用 3DARRAY 命令后，命令行给出提示信息：

选择对象：

选择对象：

输入阵列类型［矩形（R）/ 环形（P）］＜矩形＞：

在创建三维阵列之前，首先需要构造对象选择集，AutoCAD 将把整个选择集作为一个整体进行三维阵列操作。不同形式的三维阵列的创建过程如下：

（1）选择"矩形（R）"命令选项，可以按指定的行数、列数、层数、行间距、列间距和层间距创建三维矩形阵列。

输入阵列类型［矩形（R）/ 环形（P）］＜矩形＞：R

输入行数＜1＞：

输入列数＜1＞：

输入层数＜1＞：

指定行间距：

指定列间距：

指定层间距：

其中，行数是指三维矩形阵列沿 Y 轴方向的数目，列数是指三维矩形阵列沿 X 轴方向的数目，层数是指三维矩形阵列沿 Z 轴方向的数目。行间距是相邻两行之间的距离，指定正的行间距将向 Y 轴的正方向创建阵列，而指定负的行间距将向 Y 轴的负方向创建阵列；列间距和层间距的作用与此相同。

（2）选择"环形（P）"命令选项，可以按指定的数目、角度和旋转轴创建三维环形阵列。

输入阵列类型［矩形（R）/ 环形（P）］＜矩形＞：P

输入阵列中的项目数目：

指定要填充的角度（＋＝逆时针，－＝顺时针）＜360＞：

旋转阵列对象？［是（Y）/ 否（N）］＜是＞：

指定阵列的中心点：

指定旋转轴上的第二点：

创建三维环形阵列时，需要指定阵列中项目的数量和整个环形阵列所成的角度，即填充角度；填充角度的正方向由旋转轴按右手定则确定。

如果在创建三维环形阵列时，用户要求旋转阵列对象，则环形阵列中每个项目绕旋转轴进行旋转之后，还将绕本身的基点旋转同样的角度；否则环形阵列中每个项目在旋转过程中将保持原来的方向不变。

4）完成示例

操作步骤：

（1）选择"修改"菜单→"三维操作"子菜单→"三维阵列"子菜单或输入"3DARRAY"命令。

（2）选择对象：（选择球体，↙）。

（3）输入阵列类型［矩形（R）/环形（P）］＜矩形＞：（P，↙）。

（4）输入阵列中的项目数目：（8，↙）。

指定要填充的角度（＋＝逆时针，－＝顺时针）＜360＞：（↙）。

旋转阵列对象？［是（Y）/否（N）］＜是＞：（↙）。

指定阵列的中心点：（选择中心点O，↙）。

指定旋转轴上的第二点：（选择第二点，↙）。

（5）设置适当的视点，以便观察图形。

2. 三维镜像

1）命令功能

在 AutoCAD 中，可以使用三维镜像命令在三维空间中创建指定对象的镜像副本，源对象与其镜像副本相对于镜像平面彼此对称。

2）命令输入

菜单栏：选择"修改"菜单→"三维操作"子菜单→"三维镜像"子菜单。

命令行：输入 MIRROR3D 命令。

3）选项说明

调用 MIRROR3D 命令后，命令行给出提示信息：

选择对象：

选择对象：

指定镜像平面（三点）的第一个点或［对象（O）/最近的（L）/Z轴（Z）/视图（V）/XY平面（XY）/YZ平面（YZ）/ZX平面（ZX）/三点（3）］＜三点＞：

在镜像平面上指定第二点：

在镜像平面上指定第三点：

是否删除源对象？［是（Y）/否（N）］＜否＞：

在创建三维镜像之前，首先需要构造对象选择集，AutoCAD 将把整个选择集作为一个整体进行三维镜像操作。

在指定镜像平面时，可以使用多种方法进行定义，具体的方法及其操作过程如下：

（1）由于三个不共线的点可唯一地定义一个平面，因此定义镜像平面的最直接的方法是分别指定该平面上不在同一条直线上的三个点。AutoCAD 将根据用户指定的三个点计算出镜像平面的位置。

（2）定义镜像平面的第二种方法是选择"对象（O）"命令选项，然后指定某个二维对象。AutoCAD 将该对象所在的平面定义为镜像平面。能够用于定义镜像平面的对象可以是圆、圆弧或二维多段线等。

（3）定义镜像平面的第三种方法是选择"最近的（L）"命令选项，此时将使用最后一次定义的镜像平面进行镜像操作。

（4）定义镜像平面的第四种方法是选择"Z轴（Z）"命令选项，然后指定两点作为镜像平面的法线，从而定义该平面。

（5）定义镜像平面的第五种方法是选择"视图（V）"命令选项，并指定镜像平面上任意一点，AutoCAD将通过该点并与当前视口的视图平面相平行的平面作为镜像平面。

（6）定义镜像平面的最后一种方法是选择"XY平面（XY）／YZ平面（YZ）/ZX平面（ZX）"命令选项，并指定镜像平面上任意一点，AutoCAD将通过该点并与当前UCS的XY平面、YZ平面或ZX平面相平行的平面定义为镜像平面。

定义了镜像平面后，AutoCAD将根据镜像平面创建指定对象的镜像副本，并根据用户的选择确定是否删除源对象。

3. 三维旋转

1）示例

可以通过三维旋转命令将图8-22（a）所示的图形制作成图8-22（b）所示的图形。

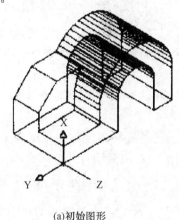

(a)初始图形　　　　　　　　　　　　(b)最终图形

图8-22　三维旋转

2）命令功能

在AutoCAD中，可以使用三维旋转命令，在三维空间中将指定的对象绕旋转轴进行旋转，以改变其在三维空间中的位置。

3）命令输入

工具栏：单击"建模"工具栏中的⊞按钮。

菜单栏：选择"修改"菜单→"三维操作"子菜单→"三维旋转"子菜单。

命令行：输入ROTATE3D命令。

4）选项说明

调用三维旋转命令后，命令行给出提示信息：

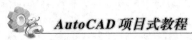

当前正向角度：ANGDIR=逆时针　　ANGBASE=0

选择对象：

选择对象：

指定轴上的第一个点或定义轴依据［对象（O）/最近的（L）/视图（V）/X轴（X）/Y轴（Y）/Z轴（Z）/两点（2）］：

指定轴上的第二点：

指定旋转角度或［参照（R）］：

在进行三维旋转之前，首先需要构造对象选择集，AutoCAD将把整个选择集作为一个整体进行三维旋转操作。

在指定旋转轴时，可以使用多种方法进行定义，具体的方法及其操作过程如下：

（1）直接指定两点定义旋转轴。

（2）定义旋转轴的第二种方法是选择"对象（O）"命令选项，然后指定某个二维对象。AutoCAD将根据该对象定义旋转轴。

能够用于定义镜像平面的对象可以是直线、圆、圆弧或二维多段线等。其中如果选择圆、圆弧或二维多段线的圆弧段，AutoCAD将垂直于对象所在平面并且以通过圆心的直线作为旋转轴。

（3）定义旋转轴的第三种方法是选择"最近的（L）"命令选项，此时将使用最后一次定义的旋转轴进行旋转操作。

（4）定义旋转轴的第四种方法是选择"视图（V）"命令选项，并指定旋转轴上任意一点，AutoCAD将通过该点并以与当前视口的视图平面相垂直的直线作为旋转轴。

（5）定义镜像平面的最后一种方法是选择"X轴（X）/Y轴（Y）/Z轴（Z）"命令选项，并指定旋转轴上任意一点，AutoCAD将通过该点并与当前UCS的X轴、Y轴或Z轴相平行的直线作为旋转轴。

定义了旋转轴后，AutoCAD还要指定旋转角度，正的旋转角度将使指定对象从当前位置开始沿逆时针方向旋转，而负的旋转角度将使指定对象沿顺时针方向旋转。如果选择参照（R）选项，可以进一步指定旋转的参照角和新角度，AutoCAD将以新角度和参照角之间的差值作为旋转角度。

5）完成示例

（1）选择"修改"菜单下"三维操作"子菜单→"三维旋转"子菜单或输入"ROTATE3D"命令。

（2）选择对象：［选择图8-22（a）中的对象］。

（3）指定轴上的第一个点或定义轴依据［对象（O）/最近的（L）/视图（V）/X轴（X）/Y轴（Y）/Z轴（Z）/两点（2）］：（X，✓）。

（4）指定X轴上的点 <0, 0, 0>：（✓）。

（5）指定旋转角度或［参照（R）］：（180，✓）。

（6）设置适当的视点，以便观察图形。

二、对齐

1. 命令功能

使用对齐命令，可以在三维空间中将两个对象按指定的方式对齐，AutoCAD 将根据用户指定的对齐方式，自动使用平移、旋转和比例缩放等操作改变对象的大小和位置，以便能够与其他对象对齐。

2. 命令输入

工具栏：单击"建模"工具栏中的 按钮。

菜单栏：选择"修改"菜单→"三维操作"子菜单→"对齐"子菜单。

命令行：输入 ALIGN 命令。

3. 选项说明

调用三维旋转命令后，命令行给出提示信息：

选择对象：

选择对象：

指定第一个源点：

指定第一个目标点：

指定第二个源点：

指定第二个目标点：

指定第三个源点或<继续>：

指定第三个目标点：

在进行对齐操作之前，首先需要构造对象选择集，AutoCAD 将把整个选择集作为一个整体进行对齐操作。

对齐命令提供了三种对齐方式，具体的方法及其操作过程如下：

(1)"一对点"方式，即指定第一个源点和第一个目标点后按回车键结束命令，AutoCAD 将根据第一个源点到第一个目标点之间的矢量将指定对象进行平移。

(2)"两对点"方式，命令行将进一步提示如下：

是否基于对齐点缩放对象？［是（Y）／否（N）］<否>：.

选择"是（Y）"命令选项后，AutoCAD 将首先根据第一个源点到第一个目标点之间的矢量将指定对象进行平移；然后根据第一、二源点连线和第一、二目标点连线之间的夹角将指定对象进行旋转；最后根据第一、二目标点之间的距离和第一、二源点之间的距离的比值将指定对象进行比例缩放。选择"否（N）"命令选项，则 AutoCAD 只进行平移和旋转，而不进行比例缩放。

(3)"三对点"方式，即指定第一个源点和第一个目标点、第二个源点和第二个目标点、第三个源点和第三个目标点。AutoCAD 将首先根据第一个源点到第一个目标点之间的矢量将指定对象进行平移；然后以第一个目标点为基点旋转指定对象，使三个源点所在平面与三个目标点所在平面重合。

三、三维实体的倒角和倒圆角

1. 实体倒角

1）示例

通过实体倒角命令将图 8-23（a）所示的图形制作成图 8-23（b）所示的图形。

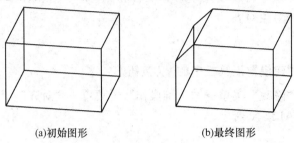

(a)初始图形   (b)最终图形

图 8-23   实体倒角

2）命令功能

对三维实体进行倒角，也就是在三维实体表面相交处按指定的倒角距离生成一个新的平面或曲面。三维实体的倒角采用"倒角（CHAMFER）"命令。该命令不仅适用于二维图形，还适用于三维实体。

3）命令输入

菜单栏：选择"修改"菜单→"倒角"子菜单。

命令行：输入 CHAMFER 命令。

4）选项说明

调用 CHAMFER 命令后，命令行给出提示信息：

（"修剪"模式）当前倒角距离 1=10.0000，距离 2=10.0000

选择第一条直线或［多段线（P）/ 距离（A）/ 修剪（T）/ 方法（M）］：

这些选项只对二维图形的倒角生效。

在此提示下选择实体上要倒角的边，选择后该边所在的某一个面以虚线形式显示，命令行同时提示：

基面选择…

输入曲面选择选项［下一个（N）/ 当前（OK）］<当前>：

该提示要求用户选择用于倒角的基面。基面是指构成选择边的两个平面中的某一个。如果选当前以虚线形式显示的面为基面，直接按回车键即可。选择"下一个（N）"选项，另一个面以虚线形式显示，表示该面将作为倒角基面。确定基面后，命令行接着依次提示：

指定基面的倒角距离：

指定其他曲面的倒角距离：

需要用户指定倒角的两个距离。命令行接着提示：

选择边或［环（L）］：

提示中两选项含义如下：

（1）选择边：对基面上的指定边倒角。用户指定各边后，即可实现倒角。

（2）环（L）：对基面上的各边均倒角。

5）完成示例

操作步骤：

（1）选择"修改"菜单下"倒角"子菜单或输入"CHAMFER"命令。

（2）按照提示选择要倒角的边和输入倒角距离（50，↙）。

2. 实体圆角

1）示例

可以通过实体圆角命令将图 8-24（a）所示的图形制作成图 8-24（b）所示的图形。

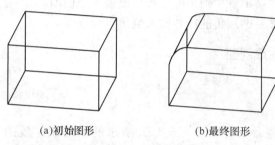

(a)初始图形   (b)最终图形

图 8-24 实体圆角

2）命令功能

构造三维实体的圆角，也就是在三维实体表面相交处按指定的半径生成一个弧形曲面，该曲面与原来相交的两曲面均相切。三维实体的圆角采用"圆角（FILLET）"命令，该命令适用于二维与三维实体。

3）命令输入

菜单栏：选择"修改"菜单→"圆角"子菜单。

命令行：输入 FILLET 命令。

4）选项说明

调用 FILLET 命令后，命令行给出提示信息：

当前模式：模式=修剪，半径 =10.0000

选择第一个对象或［多段线（P）／半径（R）／修剪（T）］：

这些选项只对二维图形的圆角生效。

当用户选择三维实体后，后续提示为：

输入圆角半径：

此时需要用户输入圆角半径。命令行接着继续提示：

选择边或［链（C）／半径（R）］：

提示中各选项含义如下：

（1）选择边：以逐条选择边的方式产生圆角。在用户选取第一条边后，命令行反复出现上句提示，允许用户继续选取其他需要倒圆角的边，回车即生成圆角并结束命令。

（2）链（C）：以选择链的方式产生圆角。链是指三维实体某个表面上由若干条圆

滑连接的边组成的封闭线框。选取该选项后，后续提示为：

选择边链或［边（E）／半径（R）］：

上句提示反复出现，允许用户继续选取其他链，回车后所选链即生成圆角并结束命令。

当三维实体表面不存在链时，选择"链"方式倒圆角实际上与选择"边"方式是完全相同的。

（3）半径（R）：表示重新设定圆角半径。选择该选项，命令行接着提示：

输入圆角半径：

需要用户指定新的半径值。

5）完成示例

（1）选择"修改"菜单下"圆角"子菜单或输入"FILLET"命令。

（2）按照提示选择要倒圆角的边和输入倒角半径（50，↙）。

四、剖切实体与生成剖面

1. 剖切实体

1）示例

可以通过剖切实体命令将图8－25（a）所示的图形制作成图8－25（b）所示的图形。

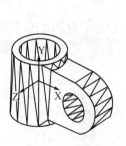 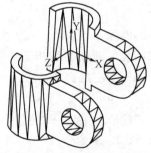

(a)初始图形　　　　　　　　(b)最终图形

图8－25　剖切实体

2）命令功能

剖切实体就是使用平面去剖切一组实体，被切开的对象保持原有的颜色和图层不变。

3）命令输入

菜单栏：选择"修改"菜单→"三维操作"子菜单→"剖切"子菜单。

命令行：输入 SLICE 命令。

4）选项说明

调用 SLICE 命令后，命令行给出提示信息：

选择对象：

指定切面上的第一个点，依照［对象（O）/Z 轴（Z）／ 视图（V）／ XY 平面（XY）／ YZ 平面（YZ）/ZX 平面（ZX）／ 三点（3）］＜三点＞：

该提示要求指定剖切面。提示中各选项含义如下：

（1）对象（O）。

将指定对象所在的平面作为剖切面。命令行接着提示：

选择圆、椭圆、圆弧、二维样条曲线或二维多段线：

此时用户可以选择圆、椭圆、圆弧、二维样条曲线或二维多段线，所选对象所在平面作为剖切面，然后命令行接着提示：

在要保留的一侧指定点或［保留两侧（B）］：

用户需要指定要保留的实体一侧，也可以全部保留。

（2）Z轴（Z）。

通过指定剖切面上的一点、垂直于剖切面的直线上的一点定义剖切面和指定剖切后实体的保留方式。

（3）视图（V）。

通过指定点并与当前视图平面平行的面作为剖切面。

（4）XY平面（XY）/ YZ平面（YZ）/ZX平面（ZX）。

通过指定点并分别使用与当前UCS的XOY、YOZ、ZOX面平行的平面作为剖切面。

（5）三点（3）。

通过3个点来定义剖切面。

5）完成示例

（1）选择下拉菜单"修改"菜单→"三维操作"子菜单→"剖切"子菜单或输入"SLICE"命令。

（2）选择对象：［选择图8-25（a）中的对象］。

（3）指定切面上的第一个点，依照［对象（O）/Z轴（Z）/ 视图（V）/ XY平面（XY）/ YZ平面（YZ）/ZX平面（ZX）/ 三点（3）］＜三点＞：（XY，↙）。

（4）指定XY平面上的点＜0，0，0＞：（↙）。

在要保留的一侧指定点或［保留两侧（B）］：（↙）。

（5）用移动命令将剖切的两部分实体移开。

2. 生成剖面

1）示例

可以通过生成剖面命令从图8-26（a）所示的图形中生成如图8-26（b）所示的图形。

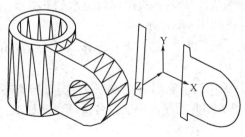

(a)初始图形　　(b)最终图形

图8-26 生成剖面

2）命令功能

生成剖面就是使用平面来横截一组实体，得到轮廓曲线构成的面域。

3）命令输入

命令行：输入 SECTION 命令。

4）选项说明

调用 SECTION 命令后，命令行给出提示信息：

选择对象：

指定截面上的第一个点，依照［对象（O）/Z 轴（Z）／ 视图（V）/ XY 平面（XY）／ YZ 平面（YZ）/ZX 平面（ZX）／ 三点（3）］＜三点＞：

该提示要求指定作为切割面的平面，其中各个选项的含义和操作过程与剖切命令类似，这里不再介绍。

确定了切割面后，即可创建出相应的面域对象。

5）完成示例

（1）输入"SECTION"命令。

（2）选择对象：［选择图 8-26（a）中的对象］。

（3）指定切面上的第一个点，依照［对象（O）/Z 轴（Z）／ 视图（V）/ XY 平面（XY）/YZ 平面（YZ）/ZX 平面（ZX）／ 三点（3）］＜三点＞：（XY，↙）。

（4）指定 XY 平面上的点 ＜0，0，0＞：（↙）。

（5）用移动命令将实体移开，就可以看到剖面。

五、编辑三维实体的面、边、体

1. 命令功能

利用该命令可以方便地对三维实体的表面、边和体进行编辑。

2. 命令输入

工具栏：单击"实体编辑"工具栏中的相应按钮。

菜单栏：选择"修改"菜单→"三维编辑"子菜单。

命令行：输入 SOLIDEDIT 命令。

3. 选项说明

执行 SOLIDEDIT 命令后，命令行提示窗口显示如下提示：

实体编辑自动检查：SOLIDCHECK＝1

输入实体编辑选项［面（F）/边（E）／ 体（B）／ 放弃（U）／ 退出（X）］＜退出＞：

上面提示中的第一行说明当前已启用实体有效性自动检查功能。用户可通过系统变量 SOLIDCHECK 启用或关闭此功能。第二行各选项含义如下：

1）面（F）

编辑实体的指定面，选择该选项后，命令行接着提示：

输入面编辑选项［拉伸（E）/移动（M）／ 旋转（R）／ 偏移（O）/倾斜（T）/删

除（D）/复制（C）/着色（L）/放弃（U）/退出（X）]：

（1）拉伸（E）。

按指定的长度或沿指定的路径拉伸实体上的指定平面，常用于柱体的伸长或缩短。可以按指定高度垂直于原面进行拉伸面，也可以选择拉伸路径，沿此路径拉伸指定面。

（2）移动（M）。

按指定的距离移动实体的指定面，常用于如孔的移位等用途。

（3）旋转（R）。

绕指定轴旋转实体上的指定面。

（4）偏移（O）。

等距偏移实体的指定面，常用于如孔的缩扩等用途。

（5）倾斜（T）。

将指定的面倾斜一角度，常用于生成斜面。

（6）删除（D）。

删除指定的实体表面，常用于如孔的去除等用途。

（7）复制（C）。

复制指定的实体面。

（8）着色（L）。

改变实体上指定面的颜色。

2）边（E）

编辑实体的边，包括对边的复制、着色等。选择该选项后，命令行提示：

输入边编辑选项 [复制（C）/着色（L）/放弃（U）/退出（X）] <退出>：

各主要选项的含义如下：

（1）复制（C）。

复制三维实体的边。

（2）着色（L）。

改变指定边的颜色。

3）体（B）

编辑实体的体对象包括压印、分割、抽壳、清除、检查等，选择该选项后，命令行提示：

输入体编辑选项 [压印（I）/分割实体（P）/抽壳（S）/清除（L）/检查（C）/放弃（U）/退出（X）] <退出>：

该提示中各选项的含义如下：

（1）压印（Z）。

压印即将几何图形压印到对象面上。要压印的对象必须与实体相交。用于压印的二维对象可以是圆弧、圆、线段、二维多段线、三维多段线、椭圆、实体等。

（2）分割实体（P）。

分割就是将不连续的复合三维实体对象分割成多个单独的实体。

（3）抽壳（S）。

抽壳是指将实体对象按指定的壁厚创建成中空的薄壁实体。抽壳壁厚可正可负。当壁厚为正时，AutoCAD 沿实体对象的内部抽壳，反之沿实体对象的外部抽壳。

（4）清除（L）。

删除实体对象上的所有冗余边和顶点，其中包括由压印操作得到的边、点。用户选择要清理的实体后，AutoCAD 将检查冗余数据库，并删除不用的几何对象。

（5）检查（C）。

检查三维实体是否为有效的 ACIS 实体，是否存在错误和非法数据。如果实体有效，则 AutoCAD 给出"此对象是有效的 ACIS 实体"提示。

模块六　任务解析

一、阀盖零件的三维模型

【要求】将下面给出的阀盖零件图（如图 8－27 所示）修改后，进行三维模型的创建，具体效果见图 8－1。

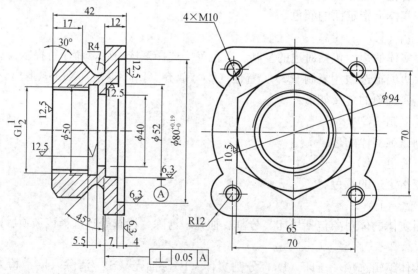

图 8－27　零件图

【分析】在完成三视图绘制的情况下，绘制三维立体图形可以使用三视图的部分图形。

【操作步骤】

1. 合理保留图形

除了轮廓线图层不关闭，将其他所有图层关闭，并且可删除直径为 65 mm 的圆形。结果如图 8－28 所示。

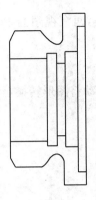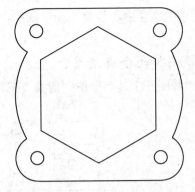

图 8-28　保留的图形

2. 生成面域

将闭合的图形生成面域。单击"绘图"工具条上的"面域"按钮，框选所有的视图后，按回车键，命令行提示：已创建 8 个面域。

3. 旋转左视图

单击"视图"工具条上的"主视"按钮，系统自动将图形在"主视平面"中显示。注意：此时显示的是水平线，如图 8-29 所示。输入"RO"（旋转）命令，按回车键，再选择右边的水平线（即左视图）的中间点，输入旋转角度值"90"，按回车键，完成左视图的旋转，如图 8-30 所示。在轴测图中看到旋转后的图形如图 8-31 所示。

主视图　　　　　左视图

图 8-29　旋转前

主视　　　　　放置后的左视

图 8-30　放置后

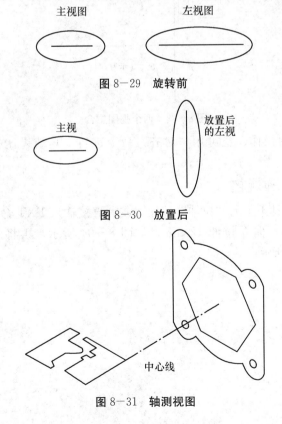

中心线

图 8-31　轴测视图

【提示】图中的红色中心线是人为绘制的，用该线表明两个视图的中心是在一条水平线上。

4．移动视图将两个视图重合

（1）单击"视图"工具条上的"俯视"按钮，系统自动将图形转换至俯视图中，如图8－32所示。

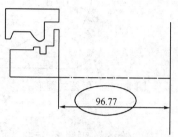

图8－32　俯视图显示

（2）单击"标注"菜单，选择"线性"标注，标注出两图间的水平距离。标注尺寸的目的是便于将图形水平移动进行重合。

（3）按"M键"，框选左视图，向左移动鼠标，然后输入"96.77"，按回车键结束视图的移动，如图8－33所示。

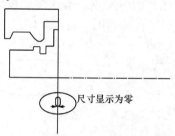

图8－33　两个视图重合

【提示】以上移动操作，也可用"对齐"命令进行，其结果比移动操作更加方便快捷。

5．拉伸生成三维视图

单击"建模"工具条上的"拉伸"按钮，或者直接输入EXT命令，选择左视图中的外轮廓和4个小圆，向左拉伸12 mm，如图8－34所示，再将六边形向左拉伸为42 mm，如图8－35所示。

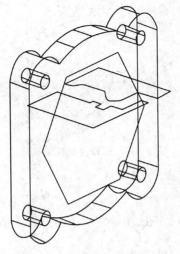

图8-34 拉伸外轮廓和4个圆

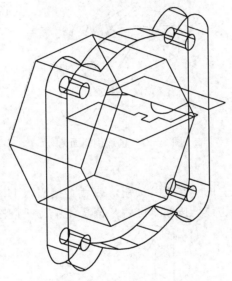

图8-35 拉伸六边形

6. 旋转图形生成三维对象

单击"建模"工具条上的"旋转"按钮，或者直接输入REV命令，按回车后，选择有倒角30°的图形，再选择直线上的两个点作为旋转轴线，按回车键完成图形的旋转并生成旋转实体，如图8-36所示。

图 8-36　旋转生成倒角实体

7. 求差后生成六边体上的倒角

单击"建模"工具条上的"差集"按钮，或者直接输入 SU 命令。先选择六边体，按回车键后，再选择旋转实体，按回车键完成求差操作，结果如图 8-37 所示。

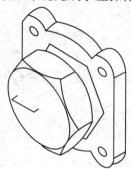

图 8-37　创建倒斜面角

8. 求和运算

单击"建模"工具条上的"并集"按钮，或者直接输入 UNI 命令。选择前面创建的实体和刚创建的倒角六边体，按回车键后，将其合并成一个整体，如图 8-38 所示。

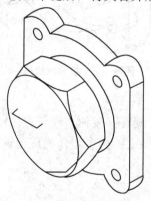

图 8-38　合并物体

【提示】合并操作后，两物体间的正六边形与底面间的"交线"没有了，表明两物体已经合并成一个整体了。

9. 旋转生成阶梯轴状实体

单击"建模"工具条上的"旋转"按钮，或者直接输入 REV 命令，按回车键后，选择绘制在轴线上的图形，选择图形的底边上的两点作为放置轴线，按回车键后，生成阶梯轴状的实体，如图 8−39 所示。

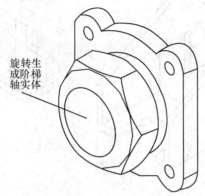

图 8−39　旋转生成阶梯轴状实体

10．求差操作创建四个孔和台阶孔造型

单击"建模"工具条上的"差集"按钮，或者直接输入 SU 命令，按回车键后，选择前面合并的物体，再按回车键，选择 4 个小圆柱体和旋转生成的阶梯轴对象，按回车键完成零件的创建，创建的阀盖零件三维实体模型如图 8−40 所示。

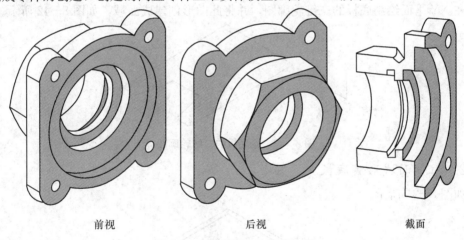

前视　　　　　　　　　　后视　　　　　　　　　　截面

图 8−40　阀盖零件三维实体图

二、三维实体模型建立

【要求】绘制图 8−41 所示的三维实体模型。

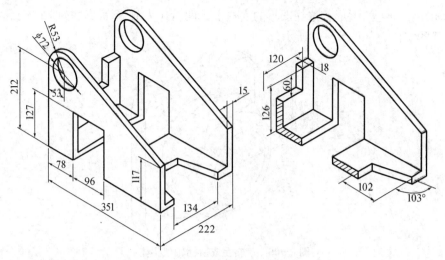

图 8-41　创建三维实体模型

【操作步骤】

1. 绘制底板轮廓图

单击"视图"→"三维视图"→"东南等轴测",切换到东南轴测视图。

在 XY 平面绘制底板的二维轮廓图,并将此图形创建成面域,如图 8-42 所示。

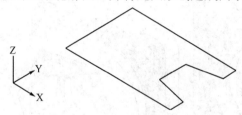

图 8-42　画底板的二维轮廓图

2. 拉伸面域形成底板

如图 8-43 所示。

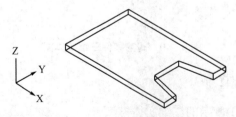

图 8-43　拉伸面域形成底板

3. 绘制立板轮廓

将坐标系绕 X 轴旋转 90°,在 XY 平面画出立板的二维轮廓图,再把此图形创建成面域,如图 8-44 所示。

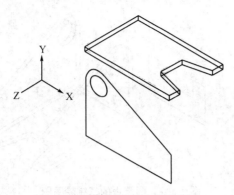

图8-44　画立板的二维轮廓图

4. 拉伸面域形成立板

拉伸新生成的面域以形成立板，如图8-45所示。

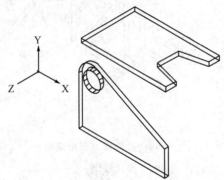

图8-45　拉伸面域形成立板

5. 生成初步图形

将立板移动到正确的位置，然后进行复制，如图8-46所示。

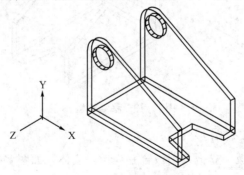

图8-46　移动并复制立板

6. 生成端板

把坐标系绕 Y 轴旋转-90°，在 XY 平面绘制端板的二维轮廓图，然后将此图形生成面域，如图8-47所示。

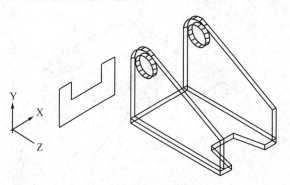

图 8-47　画端板的二维轮廓图

拉伸新创建的面域以形成端板，如图 8-48 所示。

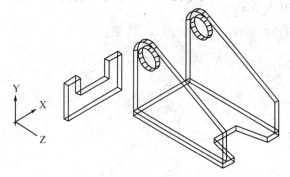

图 8-48　拉伸面域形成端板

MOVE 命令把端板移动到正确的位置，如图 8-49 所示。

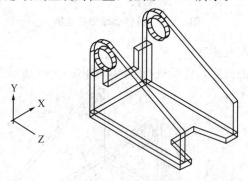

图 8-49　移动端板

7. 逻辑运算，生成图形

利用并集运算将底板、立板、端板合并为单一实体，如图 8-50 所示。

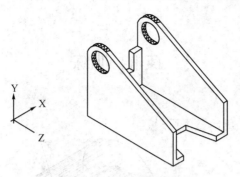

图 8-50　执行并集运算

8. 压印平面图形

以立板的前表面为 XY 平面建立坐标系，在此表面上绘制平面图形，并将该图形压印在实体上，如图 8-51 所示。

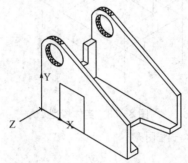

图 8-51　压印平面图形

9. 生成最终图形

通过拉伸实体表面形成模型上的缺口，如图 8-52 所示。

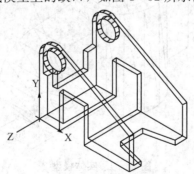

图 8-52　拉伸实体表面

技 能 训 练

1. 绘制如图 8-53 所示三维图形。

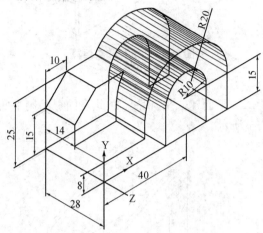

图 8-53   **实体模型 1**

2. 绘制如图 8-54 所示三维图形。

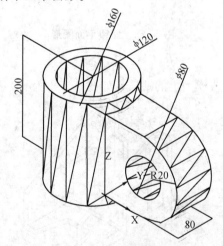

图 8-54   **实体模型 2**

3. 绘制如图8-55所示的三维实体模型。

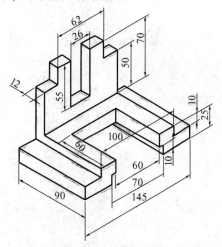

图8-52　**实体模型**4

4. 绘制如图8-56所示的三维实体模型。

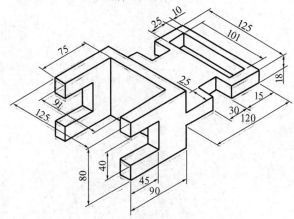

图8-56　**实体模型**4

参考文献

［1］姜勇. AutoCAD 2005 训练教程［M］. 北京：人民邮电出版社，2005：10-30.

［2］路纯红. AutoCAD 2004 中文版机械应用实例教程［M］. 北京：清华大学出版社，2004：56-72.

［3］刘林. AutoCAD 2002 高级应用教程［M］. 广州：华南理工大学出版社，2002：87-102.

［4］徐建平. 精通 AutoCAD 2004 中文版［M］. 北京：清华大学出版社，2003：37-55.

［5］余强. AutoCAD 2005 机械制图经典实例教程［M］. 北京：机械工业出版社，2005：115-123.